環遊世界八十樹

AROUND THE WORLD IN
80
TREES

強納生 . 德洛里 (Jonathan Drori) 著
綠西兒 . 克雷克 (Lucille Clerc) 繪
杜蘊慧 譯／葉綠舒 審定

Mirror 034

環遊世界八十樹
Around the World in 80 Trees

國家圖書館出版品預行編目 (CIP) 資料

環遊世界八十樹 / 強納生 . 德洛里 (Jonathan Drori) 著；綠西兒 . 克雷克 (Lucille
Clerc) 繪；杜蘊慧譯 . -- 增訂一版 . -- 臺北市：天培文化有限公司, 2023.01
　　面；　　公分 . -- (Mirror；34)
譯自：Around the world in 80 trees
ISBN 978-626-96577-9-7(平裝)

1.CST: 植物 2.CST: 通俗作品

370　　　　111020402

作　　者 —— 強納生‧德洛里（Jonathan Drori）
繪　　者 —— 綠西兒‧克雷克（Lucille Clerc）
譯　　者 —— 杜蘊慧
審　　訂 —— 葉綠舒
責任編輯 —— 莊琬華
發 行 人 —— 蔡澤松
出　　版 —— 天培文化有限公司
　　　　　　台北市 105 八德路 3 段 12 巷 57 弄 40 號
　　　　　　電話／ 02-25776564‧傳真／ 02-25789205
　　　　　　郵政劃撥／ 19382439
九歌文學網　www.chiuko.com.tw
印　　刷 —— 前進彩藝股份有限公司
法律顧問 —— 龍躍天律師‧ 蕭雄淋律師‧董安丹律師
發　　行 —— 九歌出版社有限公司
　　　　　　台北市 105 八德路 3 段 12 巷 57 弄 40 號
　　　　　　電話／ 02-25776564‧傳真／ 02-25789205
增訂一版 —— 2023 年 3 月
定　　價 —— 450 元
書　　號 —— 0305034
Ｉ Ｓ Ｂ Ｎ —— 978-626-96577-9-7

Text © 2018 Laurence King Publishing Ltd.
Texts compiled by Jonathan Drori
Illustrations © 2018 Lucille Clerc
Jonathan Drori has asserted his right under the
Copyright, Designs and Patents Act 1988 to be
identified as the Author of this Work.

Translation © 2020 Ten Points Publishing Co., Ltd.
This edition is published by arrangement with Laurence King Publishing Ltd., through Andrew Nurnberg
Associates International Limited.

The original edition of this book was designed, produced and published in 2018 by Laurence King Publishing Ltd.,
London under the title *Around the World in 80 Trees*

獻給我的父母
他們啟發了我對植物學與植物之美的喜愛

AROUND THE
WORLD
IN
80
TREES

前言

世界之樹

5

南美

墨西哥、中美洲、加勒比海

北美

前言

　　我是在皇家邱園植物園附近長大的。我的父母分別是工程師和心理學家，他們對植物的熱情啟發了哥哥和我兩人對植物之美以及植物學的認識。這種樹能做成致命的毒藥；那種樹能做巧克力；另外那種又能做成絕緣外皮，包覆縱橫整個地球的纜線。這種植物開的花在授粉之後會變色。我們用上所有的感官：舌頭舔罌粟花的乳汁是特別有趣的經驗，尤其是當我們告訴朋友的父母時，看見他們臉上的表情。事實上，每個跟植物有關的故事，都屬於一個更廣泛的，與動物或人類有關的故事。當父親給我一小片黛粉葉葉片時，我還學到了駭人的奴隸交易：這種植物在美國被稱為「啞巴藤條」，因為它會對舌頭和喉嚨造成腫脹暗啞的效果。當年被用於懲罰殖民莊園裡熱衷為同儕喉舌的奴隸。造訪皇家植物園，培養出我對植物以及它與人類關係的興趣，久久不滅。雖然我不記得曾經有任何人確切告訴我哪種樹究竟是什麼，但是當看見的時候，我們就是自然而然知道它是什麼樹。

　　在從事了一段製作科學紀錄片的職業生涯後，我又回到皇家邱園，這次是以信託管理人的身分。我也加入了林地信託基金會和伊甸園計畫的董事會，以及世界自然基金會的大使理事會，這些組織的宗旨都在於將公眾和自然連結起來。我汲取周遭人士的專業見解，並與自身的經驗融合。在幾場 TED 演說以及三百萬點閱率之後，我理解到大眾其實對跨領域的植物故事非常感興趣——因而促使我寫這本書。

　　除了幾條但書之外，樹的廣泛定義是具有長長木質莖的植物，木質莖能支撐植物本身，年復一年。植物學家們會辯論木質莖究竟應該有多長，才夠格被稱為樹。我決定不要過於嚴格：在這本書裡有些樹木，比如荷荷巴灌木，往往是灌木型態，但是在適當的外在條件下卻會依生長地點長高。再者，灌木不就是一棵小尺寸的樹嗎？

　　世界的樹種變化多得令人吃驚——我們現在已經知道至少有六萬種不同的

樹種。樹沒辦法拔腿逃離喜歡吃它們的動物，只好製造難聞的化學氣味來驅逐侵略者。它們會滲出樹膠、樹脂、乳膠，用以淹死、毒死、癱瘓昆蟲和其他敵人，並且阻絕真菌和細菌。這些防禦機制賜給我們口香糖、橡膠，以及世界上交易歷史最悠久的奢侈品：乳香。有些樹木，比如赤楊木，已經適應了生長的多濕地區，發展出防止在水中腐爛的木質，威尼斯就是靠著這類樹木才得以奠下城市基礎。然而，樹木的演化並非為了滿足人類需求。幾百萬年來，它們靠著適應不同的外在環境條件來自我保護、確保後代能持續存活繁衍。適應得最好的樹木就能產出較後代，擴大分布範圍。

我最喜歡聽到的樹木故事，就是某一小塊植物科學對人類產生驚人交叉影響的故事。松節油樹和單單一種蛾的幼蟲之間的關係，就能大幅提升幾百萬南部非洲人的營養補充。萊蘭柏的雜交過程是少有的植物學事件，充分說明英國人看待隱私的態度。我基於樹木的特性和種類，在這本書裡選了八十個故事，事實上它們只不過描繪出一小部分樹木與人類的互動寫照。

我現在仍然會以攝影師的身分參與植物和種子採集之旅。在本書中，我就像儒勒·凡爾納故事裡的福克，從我位於倫敦的住所向東行。在那個方向，有關樹木的介紹比較粗略，並且是以地理區域來分群討論。樹木扎根於土地，和生長地點的環境有密不可分的關聯，而每一塊區域中的土壤水文、人類、樹木，都有不一樣的互動關係。在英國人眼裡，椴樹（或萊姆）以及山毛櫸再常見也不過，但是德國人對這些樹的喜好幾乎到了神祕的程度。在又熱又乾的非洲南部，猴麵包樹為了尋找水源以及儲水，能夠生長到極高大；中東炎熱的陽光下，能找到一顆多汁的石榴解渴，足以令人開懷赤笑。落葉松在它物種多樣的北極原生地裡，對寒冷產生不尋常的適應能力；而雨林的潮濕高溫也支持了精密的物種關係，比如馬來西亞榴槤和蝙蝠。許多澳洲物種，譬如尤加利屬的植物，會分泌樹脂和精油，保護它們免受草食物種的啃食；夏威夷的樹木沒有

來自原生的草食哺乳動物的威脅，便不需要發展出尖刺和難聞的化學物質。在加拿大，氣候使得楓樹葉在秋天轉成美麗的顏色，但是回到歐洲，同樣的樹種相較之下卻單調無趣。

但是，並不光是地理位置。樹和其他生物之間也有精細得令人讚嘆的關係。比較常見的是：為了授粉祭出的聰明把戲、為了散布種子而談的交易，甚至和它們敵人的敵人聯手。為了講解這一點，我在談某些樹種時，會跳著講另一個樹種。當然，還有其他許多關聯可談，也有不同方法可以用樹木環遊世界。我相信這些旅程和類似的想法能鼓勵讀者思考各位遇見的樹。

生物間複雜的關係也是令地球暖化成為一大威脅的因素之一。比如說，當花朵今年比去年綻放得更早，而樹木仰賴的授粉者在那段時間裡還沒出現，那麼該樹種也許就沒辦法繁衍，或者造成另一種完全不同的植物或動物仰賴的昆蟲失去食物來源。

對氣候變化抱持的懷疑也值得一提。出於有意或被誤導，對氣候科學的不信任對許多樹種的存活造成衝擊。有些人認為氣候變化跟信仰或個人意見有關，就像對政治或藝術。但是科學原則與政治或藝術是完全不同的。科學家們對世界做出假設，然後研究尋找證據來支持或推翻那些假設。在他們將努力研究的結果公諸於世之前，會先向其他科學家揭露，邀請專業社團找出研究原則、論點以及結論的問題。假使結果令人感到吃驚，其他的科學家會試著進行同樣的實驗和觀察，將他們得出的結果再次公布於同儕眼前。這種重複驗證的態度非常耗時，也令人感到渺小，但正是科學特殊之處。當同儕檢閱過的論文告訴我們，地球正經歷一場迅速的氣候變遷，而人類活動正大幅加劇這個問題的時候，我們就應該聽進去。科學奠基在疑問和證據上，而不是政治或信仰。我們這個物種應該要從生活中學習，順應環境改變自己的行為。

樹木的樣貌和種類讓我們在想到它不可計量的價值時，只能得到一個結

論。我最早的記憶是一棵在我們老家附近的，壯觀的黎巴嫩雪松。一個多天早晨，我們發現它死了，樹幹和樹枝散落一地，正被鋸開分解。它是被閃電擊中的。那是我第一次看見父親哭。我以為那棵巨大、沉重、美麗、已有數百歲的物體是無法摧毀的，但事實不然；而我一直以為面對每一件事情都能自持的父親，亦非如是。我記得母親說，那棵樹裡包含了一整個世界。我聽了一頭霧水。

母親說得沒錯。那棵樹裡有一整個世界，每一棵樹都是。它們值得我們感激，其中多數值得我們保護。

英格蘭

法國梧桐
Platanus × acerifolia

　　法國梧桐，又名二球懸鈴木，大大的葉片形似楓葉，樹幹高聳，壯麗有分量，是國家極盛時期的象徵。它的樹枝從樹幹高處伸出，因此成樹看起來顯得壯偉，極具架構，給街道帶來大量樹蔭，卻不致遮蔽視線。十九世紀時，法國梧桐被大幅種植於倫敦市，烘托城市裡恢弘的廣場及大道，這種樹最適合用來代表正在茁壯的帝國首都。外來訪客豔羨地看著位於國會和白金漢宮之間，種滿法國梧桐的大道時，必定體認到：這裡就是強大、工業化的國家中心，穩定的國勢和自信使他們制定百年計畫，就連樹也會屹立不搖。十足的大不列顛風格。

　　法國梧桐並不是外來樹種，而是混和後的產物：它的拉丁科學名中有一個乘號，代表它是雜交種，也就是原生在歐洲東南部和亞洲西南部的美國梧桐和法國梧桐的雜交後代。這兩種樹經過植物獵人引進歐洲後，也許是在十七世紀末相遇結合，雖然對於它們交會的地點還多有辯論。有人說是英國、西班牙，或──*quelle horreur!*（譯註：法文「太可怕了！」）──法國。

　　法國梧桐是非常好的雜種優勢，或者說混種盛勢的例子，也就是說兩個被隔離的物種或品種產出的後代近親繁殖之後，展示了更好的生命力和韌性。法國梧桐就是如此的產物，並且熱烈地接受了負擔沉重的城市生活。

　　在它的種植極盛時期，法國梧桐沿著水泵和工廠──推動十九世紀帝國的引擎──聳立。但是工業革命中的蒸汽動力也讓倫敦蒙上一層黑垢。少有樹種能忍受這種冒犯，但是法國梧桐對城市生活的適應力非常強，身懷能讓它在汙染嚴重的空氣中存活的祕訣。它的樹皮很脆，因為無法配合其包覆的樹幹和樹枝的快速生長，而會落下嬰兒手掌般大的樹皮碎片。樹皮自在地隨機剝落，在樹幹上留下迷彩斑駁的花紋，成為樹的防禦機制。法國梧桐的樹皮就像許多其他樹種，上面散布許多小點，直徑大約是一到兩公釐，稱為皮孔，能夠交換氣體。如果皮孔被阻塞住，樹就會窒息而死。法國梧桐的樹皮吸附了空氣中的髒汙後再脫落，能夠同時確保這種都市樹和人類同伴的健康。

　　今天，法國梧桐的數量佔倫敦所有樹木的一半以上。柏克利廣場有最多令人讚嘆的植株（由某位有先見之明的居民在一七八九年種下），但是還有許多

其他植株沿著泰晤士河岸排列、豐富了市內美麗的皇家花園，提供倫敦市遮蔭和綠肺。全世界的城市計畫人員因此有機會考慮在自己的城市使用法國梧桐，原本只用於倫敦市的法國梧桐，現在已經廣泛用於其他溫帶城市了。巴黎、羅馬、紐約都因為倫敦的經驗而獲益。

可是，即使是這種最有威嚴的樹，也有失色之處：在秋天和冬天，球型種莢雙雙對對吊在樹上，給想歪的男學生們提供了打趣的素材。這些像彩球的種莢也是鳥類的食物來源，還能做成癢癢粉。無論如何，悶熱的七月午後，倫敦市的法國梧桐是既優雅又壯觀的視覺饗宴，提醒人們這裡曾經是世界的中心。

註解　法國梧桐：由於在上海法租界首先引入此樹，所以俗稱「法國梧桐」，但依照維基百科的翻譯應為「英桐」或英國梧桐。

萊蘭柏
Cupressus × *leylandii*

　　萊蘭柏的故事始於英國人對隱私、園藝，以及想當然耳，階級的熱衷。十九世紀時，英國的植物獵人從奧勒岡州帶回強健的黃西洋杉，從加州帶回生長速度比較快，但是較柔弱的蒙特瑞柏，植物獵人完全不知道一百年之後會造成大災難。這些落葉喬木的關係並不相近，兩者在它們的原生地相距一千六百公里（一千英里），原本永遠不可能雜交。但是到了威爾斯中部之後，它們被種在一起，因而開始繁衍共同的後代。它們的巨無霸後代通常被稱為萊蘭柏，以克里斯多福·萊蘭命名，改變命運的兩樹雜交就是發生在他的莊園上。

　　細長、直聳、對鹽分和汙染極具抵抗力，萊蘭柏的生命力驚人──一年能夠竄高一公尺（三英尺），通常會長到三十五公尺（一一五英尺）或更高。若成排地種，它能迅速形成濃密到散發壓迫感的深綠色樹牆。但是直到一九七〇年間，苗圃和育苗技術改進之後，萊蘭柏才開始以插條方式繁殖，人人都能買到。麻煩就是這時候開始產生的。

　　在英國郊區，家家戶戶距離很近，卻也都有自己的花園，人們因此對於偷窺鄰居和被鄰居偷窺這兩件事特別著迷。但是英國的都市計畫法中規定，兩戶房屋之間的人造籬笆高度不得高過兩公尺（六點五英尺）。因此，偏執成狂的郊區住戶需要一道活的籬笆，以便規避法律，而且還必須以嚇人的飛快速度長成高大、無法穿越的屏風。萊蘭柏完美地彌補了籬笆市場的不足，在之後的二十年內，變成所有想遺世獨立的消費者唯一解決之道。在一九九〇年代末期，英國大眾種下的樹有一半都是萊蘭柏。

　　然而，速成的隱私有其代價。居民們發現院子裡小巧可人的植栽會被萊蘭柏遮蔽，甚至酸化。低樓層的住戶憤怒地抱怨無止境的陰暗天色和被阻擋的景觀。雪上加霜的是，萊蘭柏被「正派的園藝愛好者」以及高姿態媒體可疑地描述為新住民和新富族群的粗俗工具，引發了一場階級紛擾。

　　一九九〇年代末，萊蘭柏籬笆成了出名的紛爭主題。媒體特別愛報導鄰居們因為光線被遮蔽而大打出手。籬笆爭執引發一樁自殺事件，和至少兩起謀殺。一位代表綠意盎然的倫敦西部近郊北伊靈區的政治人物說：「對於那些將憎恨看得比追求隱私更重要的人來說，萊蘭柏已經成為一種武器，就像槍或利

刃。」

國會裡不斷針對萊蘭柏進行辯論和探討；下議院常常著眼這個問題，前後總共花了二十二個小時嚴肅地討論萊蘭柏議題。在上議院，有關萊蘭柏的討論由一位姓氏極具鼓舞效果的嘉德納・德・帕奇斯（譯註：諧音「公園園丁」）夫人提出。到了二〇〇五年，總共有一萬七千件鄰居之間因為萊蘭柏籬笆引起的爭執（無疑地，有更多未報案的爭執）。那一年，區辦公室被授權使用英國人通稱ASBO的《反社會化行為禁令》管理籬笆糾紛。這些多少具有爭議性的禁令通常不太公平地與工人階級居民的問題有關聯，譬如管束公共住宅裡的不法青少年，以及限制鬥牛犬的行為──仔細思考一下，其實這種狗也是侵略性很強的問題雜交種。

到了二〇一一年，英國的萊蘭柏數量已經飆升到五千五百萬株，現在甚至超過人口總數。但是英國人的隱私和光線所有權之間的糾紛已經找到妥協──至少目前如此。

愛爾蘭

草莓樹
Arbutus unedo

　　草莓樹原生於地中海西部地區，可以在愛爾蘭西北部沿海見到，不過——說也奇怪——英國本島卻沒有。最有可能的解釋是，也許出於意外或刻意，史前一萬年到三千年間，新石器時代的水手將這個樹種從伊比利半島帶到愛爾蘭。歐亞鼩鼱和愛爾蘭人的 DNA 分析結果能夠支持這個理論：鼩鼱當年顯然也循著同樣的遷移路線，部分愛爾蘭人的基因特徵類似西班牙北部的族群。無論循何種路徑，愛爾蘭凱里郡的野生草莓樹看起來確實兼具優雅與異國風味。

　　草莓樹的枝幹曲折蜿蜒，葉片常綠，能長到十二公尺（三十九英尺）高，紅色的美麗樹皮會剝落，和生機盎然的葉片形成對比。它的花是乳白或玫瑰紅色，長在粉紅色的莖上，一串大約有二十幾朵花，就像迷你熱氣球。花朵具有甜美的香味，罕見地在秋季開花，除了讓我們人類欣賞之外，在這個花蜜稀少的季節中對蜜蜂來說格外寶貴。草莓樹的蜂蜜有種苦味，但是在草莓樹常見的伊比利半島卻很受歡迎。

　　授粉之後五個月，它才會慢慢結果，因此——很不常見——水壺狀的花會和前一年長出來，此時才成熟的果實並列。雖然名字叫草莓樹，它的果實卻比較像猩紅色的荔枝，而不是草莓——然而，它們之所以沒廣泛種植，是有原因的。雖然結實纍纍，金黃色的果肉卻令人失望，質感粗糙，風味略似桃子或芒果，但是微弱得近於寡淡。拉丁文名中的 *unedo* 是 *unum tantum edo* 的縮寫，來自古羅馬博物學家老普林尼的評語，意為「我只吃了一顆」。

　　假如果實熟過頭，開始發酵時，倒是還能入口：淡淡的酒香味確實有幫助，而且也許是 *Aguardente de Medronho* 白蘭地的靈感來源，這是由葡萄牙農人採集草莓樹果實之後再蒸餾成的烈酒。

　　馬德里的市徽上有一頭熊探身向樹上採草莓樹（*madroño*）的果實。根據當地盛傳的字源解釋，這座西班牙的首都和代表樹木都有同樣的字根 *madre*（譯註：西班牙文「母親」）。雖然這兩個字幾乎可說毫無關聯，但是馬德里人想將它們連在一起的渴望明顯表示他們對「母親樹」的喜愛。

蘇格蘭

花楸樹
Sorbus aucuparia

　　花楸是高度不高，卻極堅強的落葉喬木，在歐洲中部和北部以及西伯利亞廣為散布，並且很能適應多風的蘇格蘭高地。它因為美麗的奶油色花團有濃濃的香味和豐富的花蜜，吸引大群協助授粉的昆蟲。若是天氣不好導致昆蟲稀少，它也能夠自我授粉。這個作用雖然在基因學上有近親交配的缺點，但是畢竟勝過毫無後代。

　　早秋時節，花楸細長的枝條上因為結滿豌豆大小、鮮橘色或紅色、二十幾顆為一串的莓果而彎垂（說得更準確一些，這些莓果其實是「梨果」，就像蘋果，在花朵膨大的底部生長成形。如果仔細觀察，會看見果柄對側殘留的花朵器官——排列模式如同五角星形）。不在乎人類科學命名的鳥類，也很喜歡這些果實的鮮豔色彩；花楸的果實在古時候用作鳥餌，當時鳥餌的拉丁文是 *aucupatio*，來自於花楸樹的正式學名。鳥類飽餐一頓果實之後，會將沒消化的種子帶到遠方排泄掉，順便附上一灘現成的肥料。

　　種子會在一兩年後發芽，有時候生長在懸崖和峭壁邊，甚至是其他樹木枝幹上潮濕的凹槽裡。這種「會飛的花楸樹」被人們認為具有強大的法力，保護自己不受巫術迫害。

　　花楸樹還具備另一種曾經被視為法術的保護能力。它的未成熟果實含有山梨酸，具有抗真菌和抗細菌的作用，卻對人類無害。目前，人工合成的山梨酸和萃取物廣泛用於食品工業，作為防腐劑，保護我們不受黴菌和相關感染。

　　花楸果實含有防腐成分。椰棗果核（72 頁）在兩千年後仍然具有生機。

芬蘭

垂枝樺
Betula pendula

　　垂枝樺（銀樺）是能力出色的拓荒者。它的花粉從柔荑花序上如霧狀噴發出來，大量細小附有翅膀的種子隨風飛散至遠方。在一萬兩千年前，最近一次冰河期融化之後，垂枝樺是在重見天日的地表上首先繁衍的樹種之一，因此它的原生地範疇非常廣：從愛爾蘭越過北歐和波羅的海周邊，翻過烏拉山脈，深入西伯利亞。垂枝樺林裡的生物多樣性令人驚異：它深入地下的根系將營養汲取到地面之後，和落葉一起循環回收，樹冠的空隙慷慨地讓其他植物也能獲得陽光。

　　垂枝樺精緻垂墜的枝條流洩而下，在風中搖曳，就像優雅的芭蕾舞者。它不斷舞動的淡綠色葉片有如鑽石，具有鋸齒狀的邊緣，生長在纖細的枝幹上。枝幹由於具有樹脂腺而顯得多疣。樹皮顏色非常淺，幾乎不像真的顏色，是垂枝樺的適應機制，幫助沒有茂密葉片遮蔭的樹木，在北方夏季永晝期間或冰雪反光之下保持樹幹涼爽。年輕的垂枝樺樹皮光滑得令人忍不住想伸手撫摸。然而，當它們成熟之後，靠近地面的樹皮會變厚，出現深色如同軟木塞質感的斑塊，擔任樹身的防火任務。將變厚的樹皮在水裡煮沸之後，能萃取出黏稠像柏油的樹脂。其拉丁文名是 *Betula*，與瀝青的英文名具有同樣的字源。大約五千年之前，人們將樹皮萃取出的樹脂用於具有抗菌效果的口香糖——被後人發掘出的樹脂塊上仍留有斑斑齒痕。

　　一九八八年時，熱衷民主政治的芬蘭人民投票同意垂枝樺成為芬蘭國樹。這個選擇和垂枝樺的紙漿和木夾板的商業用途，或是它的絕佳柴薪功能並沒太大的關係，而是出於情感的表達。在白天，被雪覆蓋的樺樹林顯眼的單色調既刺眼又容易令人迷失於其中，但是在漫長的北極夜晚，垂枝樺在月光下鬼魅般的外型散發出詭異的力量。北國人民流傳的民間故事中，總有許多圍繞著垂枝樺的迷信和儀式描述。垂枝樺的樹液在冬天最後一股寒風中、發苞之前變得充盈，被視為初春的瓊漿。採樹液的手續非常簡單——在面朝南方的樹幹上鑽或刺出一個小洞，插入管子就行了。採得的樹液看起來和喝起來都像微甜的水，而且確實含有幾種重要的維他命和礦物質，雖然這些物質並沒豐富到能夠為垂枝樺能賜予健康的神祕盛名背書。

無數個世紀以來，人們崇敬垂枝樺煥新和淨化的能力——還有破解咒語及法術的效用。有些芬蘭人仍然在玄關放置象徵保護的垂枝樺新生枝條。垂枝樺的枝條有時候會感染一種叫做外囊菌（*Taphrina*）的真菌，會使它們長成錯縱蓬亂的團塊，叫做「巫婆的掃帚」，在許多文化中都和超自然力有所連結。

　　雖然外囊菌會攻擊垂枝樺造成混亂的生長模式，另一種我們比較熟悉的真菌卻是它的良伴。它會和菌根真菌發展出共生關係，真菌和樹根互相糾結纏繞，使根系形成巨大的細絲網。這些細網從土裡吸收養分的能力絕佳，並將養分過濾成容易消化的型態，真菌則可以藉此從樹身獲得糖分。不同樹種會和不同真菌合作。垂枝樺的共生友伴是毒蠅傘（*Amanita muscaria*），其蕈身（我們看到位於地面以上的部分）顏色猩紅，分布著白色斑點——是童話故事中典型的蟾蜍座椅。毒蠅傘具有的混和汁液能令人產生迷幻錯覺，和所有的薩滿巫術儀式中的幻覺作用都有關，尤其是西伯利亞部落和芬蘭北部及瑞典的閃米人。然而，毒蠅傘左右精神幻覺的元素在體內並不會完全被分解，而會排出體外。因而提供了某些人迷倒眾人的可能性——以及增加社會凝聚力：喝下某人已經含有毒素的尿液。雖說北國夜晚確實漫長，森林裡也缺乏其他刺激，但是我忍不住懷疑，這種具有薩滿風格的喝尿傳說，是否真如那幾位歷史上敘述這種傳說的旅行家所聽到的那樣常見，而參與者是否也如此迫不及待地承認自己曾躬逢其盛。

　　世界上最為人類熟知的樹液來源是糖楓樹（226 頁）。

荷蘭

榆樹
Ulmus spp.

　　荷蘭榆樹病幾乎跟荷蘭沒什麼淵源。據信這種傳染病來自東亞，乃因為最早是在那裡鑑定出來的。出於巧合，現今世上要欣賞榆樹，最好的地點是荷蘭城市中的海牙以及更勝一籌的阿姆斯特丹。後者的運河和街道旁羅列了七萬五千株榆樹。

　　原生於西歐的不同榆樹外型美麗，不同樹種間十分相像。通常高度是三十公尺（九十八英呎），瘦長，宏偉，驕傲地以不規則的型態生長，它們的枝椏頂端很濃密，茂盛的葉叢在幾根粗壯、向上直伸的主枝上翻騰：是古典繪畫大師們偏好的繪畫主題。榆樹是落葉喬木，鋸齒邊緣的葉片排列明顯不對稱，從葉柄頂端開始在兩側交互排列。它們喜歡許多日照，能在開闊的土地上蓬勃生長，或作為籬笆，而不適於密集栽種。它們也能忍受城市的汙染，不易腐爛，在中世紀時常被用於製造水管。

　　榆樹的命運走下坡，源於歷史上一股急轉的風向。當年，一個叫做英國榆樹（*Ulmus procera*）的品種被羅馬人帶到西歐，用來支撐定型葡萄藤。雖然它有成團的珊瑚色小花和大量種子——個別被包在平板如紙，稱為翼果的碟狀種子苞中央，利於隨風飛散——這些榆樹卻沒有生育能力。相反地，它們藉由插條或根出條（從樹木基部長出的幼苗），形成基因上完全相同的複製品——全受到同樣的蟲害或疾病威脅。

　　第一波荷蘭榆樹傳染病在一九二〇年代時銷聲匿跡了，但是一九七〇年間的第二波傳染病是來自於兇猛的子囊菌（*Ophiostoma novo-ulmi*），造成大規模的環境災難，殺死幾千萬株歐洲和北美的荷蘭榆樹——光是英國就有兩千五百萬株死亡。如今有些街名甚至城鎮名中還看得見「elm」和「ulm」，提醒我們自然景觀上的重大損失，以及仰賴老榆樹生存的無數昆蟲飛鳥。

　　一九七〇年的傳染病由一種會鑽進樹皮下，身上帶著真菌孢子的甲蟲散播。除了真菌上的毒素會造成損害之外，樹木本身為了防堵真菌蔓延，也會關閉輸送水分和營養的系統。這些榆樹葉片在初夏時就變黃，繼而變成咖啡色，枯萎之後掉落。一株大樹可以在一個月之間就死亡。樹皮表面看起來毫無損傷，但是在樹皮之下卻常見到被甲蟲挖掘出來，觸目驚心但又有如星塵爆發般

美麗的散射狀隧道。

　　榆樹樹皮甲蟲只喜歡寄居於樹圍相當大的樹木中。作為灌木排籬的榆樹幼苗若繁殖自根出吸芽，起先會健康地生長，但是幾年之後就會受到攻擊死亡。目前，大片的榆樹群只存在少數幾個地方，比如英國的東南部海岸（它們受到海風阻絕，還有光禿禿的天然坡地作為屏障），以及阿姆斯特丹市，多虧了居民們任勞任怨的努力。剛開始，荷蘭人試著施用合成殺菌劑，但是效果有限，還會毒害生態系統裡的其他部分。比較成功的方法則是在每年春天，為健康的樹木用不同種類並且無害的真菌進行預防性接種，刺激樹木本身的自我防禦功能。阿姆斯特丹市政府將這種年度真菌注射和嚴謹的監控以及清潔工作結合起來。有心的市民會舉報可疑物質，還有強制性的樹木檢驗，就連私有土地上的樹也不例外。受到感染的樹會馬上砍掉銷毀。這些做法使阿姆斯特丹的年度感染率下降到每一千棵樹中只有一棵樹遭到感染。幾十年來孜孜矻矻的繁殖方法研究，已經產出至少十種能抵抗真菌的榆樹樹種，大量種植在阿姆斯特丹和其他地方。

　　從海外來的真菌及帶菌者可能不會遇到強烈的抵抗，因此容易造成大災害。控制國際貿易活動和伴隨而來的病蟲害是很困難的，因此我們應該盡量保留具有基因多樣化的樹種，如此一來，在最壞的情況之下，我們還有基因庫可以提供有用的線索，或許經過我們的幫助，能使大自然重新繁衍。

　　真菌並不總是壞的。加州鐵杉就仰賴腐爛的木頭上由真菌釋出的營養（204頁）。

比利時

白柳
Salix alba

在潮濕的土壤裡，柳樹很容易就能繁殖：剪下枝條，插進濕土裡，然後就……呃……就這樣。樹根和根出條蔓延範圍甚廣，直朝水源而去，當柳樹尋找水管和下水道系統裡最細微的裂縫時，這種天賦能夠造成大禍，因爲根系會在鑽入裂縫之後增生，阻住水流。然而，生長在河岸邊的柳樹，盤根錯節的巨大根系卻能防止土壤流失，並且爲野生動物提供棲身之處。

世界上大約有四百五十種柳樹，遍布整個歐洲。頻繁的近親繁殖，使得不同種的柳樹之間具有許多相似之處，成爲易於辨認的族群。成熟的白柳能夠長到三十公尺（九十八英尺）高，葉叢優雅，但是樹冠有時會向一邊傾斜。它的葉片長而窄，嫩葉兩面起初有如天鵝絨，但是成熟葉片正面的絨毛會脫落，使樹木遠遠看起來泛著銀灰色的光澤，因此得到白柳之名。花朵會在早春形成細長的柔荑花序，由於生長時間早於葉片，看起來格外奪目。這些花序看似長長的，蓬鬆的毛毛蟲，覆著一層淡黃色花粉，特別吸引蜜蜂和花藝愛好人士。

在英文裡，「如柳樹般」的形容詞可用來描述任何特別纖長柔韌的東西。打從史前時代起，細柳條或「柳枝」就被編成籃子、船隻骨架、籬笆和捕魚陷阱。柳樹曾經一度遍植於歐洲大陸的水道沿岸，爲柳枝產業的材料來源。近年來盛行的有機藝術風潮——用活柳樹的莖條編織出雕塑甚至家具——或許有些華而不實，但是卻也帶著一絲魔幻的感覺，很符合這種長久以來與迷信總是牽扯不清的植物。

一個叫做垂柳（*Salix babylonica*）的品種，名字源於聖經詩篇 137 的誤譯：「我們曾在巴比倫的河邊坐下，一追想錫安就哭了。我們把琴掛在那裡的柳樹上。」這裡講的樹有可能是胡楊，而不是柳樹，但是懸垂的柳樹枝葉和悲傷之間的聯想卻就此生根。在中世紀時的歐洲，以戴柳枝做成的頭環來象徵哀悼的傳統持續了好幾世紀，至少在流行歌謠中是如此詠唱的。後來，柳樹憂鬱的含意擴大了範圍，將被愛人拒絕的悲傷也一併納入，「穿戴柳條」遂成爲女性的芳心已有所屬，其他男性止步的象徵。

在現代荷蘭文裡，將菸掛在柳樹上代表說話者決定戒菸了。

迷信將柳樹和悲傷串聯起來，但是柳樹含有一種很好的化學物質，能夠減

輕生理上的痛苦。古埃及人已經知道用柳樹治療發燒和頭痛；西元前四○○年的古希臘名醫希波克拉底便以柳樹皮對付風濕病。中世紀歐洲留下了柳樹有效對抗發燒的紀錄；很常用的牙痛療法就是拿一小片樹皮，塞進牙齦和牙齒之間。我們現在知道，柳樹皮含有大量的化學物質水楊甘，能在我們體內轉化為具有止痛作用和抑制發燒的物質。這套「魔法」可能在第二步驟進行之前就已經奏效了：治牙痛的第二步驟是讓使用後沾了血的銀色樹皮回歸柳樹，就此帶走疼痛。在十九世紀中葉，水楊苷終於被分離出來，成為現今發燒和蛀患的常見對策，一年的全世界用量大約是一百億顆藥錠。這個特效藥就是阿斯匹靈（阿斯匹靈的藥名來自另一種具有類似化學物質的植物，繡線菊，在當時被稱為斯匹立亞〔*Spiraea*〕）。

　　柳樹親水的特質令它們能夠在低地國家欣欣向榮，也因此成為這些國家裡的主要景觀。但是出於大規模的人為種植，它們並不能以天然形式生長，而必須經過修剪。樹頂會在每年強剪到僅剩數公尺高，強迫柳樹形成粗大多節，頂端扁平的殘幹，長長的新生枝條會茂盛地從這些殘幹上長出，形成豐茂的樹冠（高於覓食的牲口能及高度）。幾百年來，人為修剪的柳樹供應人類柳枝，也是顯眼的地界標示。它們和生長區域密不可分的關係，使柳樹頻頻出現在林布蘭和梵谷的畫作中。在比利時，有些人說人為修剪的柳樹也代表這個國家的人民——堅毅、嚴謹、很難被打倒。

　　水邊的柳樹生長得最好。但是從樹根生出的葉子最高能長到多高？（206 頁）。

法國

歐洲黃楊
Buxux sempervirens

　　歐洲黃楊的小尺寸、常綠葉片，以及對頻繁修剪和人力扭曲的忍受力，使它們成為理想的裝飾樹種。原生於南歐，從大西洋到高加索山脈以北都見得到它的身影，但是如今最常見於法國，庇里牛斯山脈的西班牙境內山坡，以及英格蘭南部，這些地區極為看重將樹木修剪成特異形狀。法國人尤其喜歡修剪齊整的花園，從阿爾比到凡爾賽，每一座大教堂和宏偉的城堡周邊都展示了黃楊構成的低矮樹籬和幾何圖形。這種用法有一段很長的歷史淵源：修樹藝術「topiary」這個字源於羅馬人的「topiarius」，意指利用黃楊樹，創作出裝飾性迷你自然景觀（*topia*）和玩具動物園的造園師。

　　黃楊的花朵平淡無奇，強烈的香氣卻令人難以忘懷；有些人覺得它酷似松香，會猛然勾起在鄉間度過的童年回憶，其他人則認為是一股縈繞鼻端的貓尿味。亞里斯多德在他的著作《論非凡聽覺》中描述，來自黃楊樹的蜂蜜有一股濃郁的香氣，但他知道其中的危險：「人們說它足以令健全之人陷入瘋狂，卻能在瞬間治癒癲癇。」我們現在知道要避開黃楊蜂蜜，因為其中含有不同種類的生物鹼毒素。

　　黃楊以龜速生長，是歐洲最重的木材。它的年輪緊密排列、細緻的黃色木材外型齊整，質感細密，如同鐵釘一般堅硬。在十九世紀後半，這種罕見的特質使得黃楊被用於雕刻精細的木版，印製出有插圖的書本和報紙。印刷業在當時是非常浩大的行業。一八七〇年間，歐洲有數百家專營木板插畫的作坊（令人欣見的是，甚至還有刻畫黃楊木版正用於印刷的木版圖畫）。黃楊木材大量進口，來源甚至遠及波斯，木材原料因此不可避免地漸漸枯竭了。人們實驗了十幾種替代材料卻始終得不到令人滿意的結果。幸運的是，新的印刷技術出現了，其中包括滾筒平版印刷和銅版蝕刻印刷。

　　黃楊也和音樂以及藝術有關。古埃及人用它製作七弦豎琴。數百年來，黃楊木的穩定性，加上能夠精確地翻轉和鑽洞，使它成為木管樂器的理想材料，比如雙簧管和豎笛。

德國

歐洲椴
Tilia × *europaea*

在北美，*tilia* 指的是美洲椴，樹身有堅韌的樹內皮，常被用來做繩索和墊子。然而在歐洲大陸，歐洲椴卻具有比較浪漫懷舊的意象。

傳統的德國村莊中心都有一棵歐洲椴，它是集會地點，也象徵社區的心臟。中世紀的審判都在歐洲椴下舉行，拉丁文稱之為 *sub tilia*，保證審判忠於事實。歐洲椴也和代表愛、春天、繁衍的德國女神芙蕾雅有關，中世紀武士和仕女們童話般的約會地點通常在椴樹樹蔭中。即使根本沒那回事，現今許多德國人仍然堅決相信他們當年的初吻就發生在椴樹的枝葉蔽蔭之下。普魯斯特借用了這個淵源，在《追憶似水年華》裡將瑪德蓮蛋糕浸入椴花茶，勾起一連串不請自來的回憶。

歐洲椴很結實，能夠屹立上千年。它能輕易地長到四十公尺高（一百三十英尺），隨著年齡增長，長成壯碩的樹圍，樹皮表面崎嶇多結，分支迅速的樹枝披蓋著誘人的心形樹葉。奶黃色的花朵在法文裡稱作 tilleul，德文為 *Lindenblüten*，廣泛用於具有舒緩作用的香草茶飲。在德國中部，歐洲椴遍植於美麗的大道邊，夏天時提供具有甜香的樹蔭。六月間漫步在椴樹林中，幾乎令人上癮而難以自拔。蜜蜂同樣受到椴樹花香吸引而來，產出的淺色蜂蜜風味濃郁，清爽中帶有木香，還有隱隱的薄荷和樟腦氣息。然而，椴樹花蜜的成分濃烈紮實，含有糖分和甘露糖，如果蜜蜂過分努力地採蜜就會開始頭昏腦脹，因此椴樹下的地面往往點綴著昏迷不醒的蜜蜂。

歐洲椴樹上會有分泌蜜露的蚜蟲寄居。蜜露是含有糖分的液體，很受螞蟻歡迎，但是對城市中的汽車車主而言卻極惹人厭。細小的蜜露從樹上如雨般滴落在車身上，車身很快就會沾黏灰塵和各種髒汙。賓士或 BMN 等昂貴的名車若停在柏林市最知名的椴樹大道（*Unter den Linden*）上，往往會受到林立於路邊，以之命名的雙排椴樹之害。不過，就連對素以要求秩序聞名的德國人來說，以這點小小的痛苦換來心理上無可比擬的價值畢竟還是值得的。

金合歡（94 頁）和螞蟻也有很有趣的關聯。

德國

歐洲山毛櫸
Fagus sylvatica

　　優雅堅毅的山毛櫸在中歐和西歐是很常見的樹木。它的葉片有獨特的波浪邊緣，新葉上覆著銀色細毛，呈現萊姆綠色；成熟之後色澤會變深。前後時期長出的葉片層層相疊，濃重的樹蔭下少有耐陰的植物生長，因此山毛櫸森林裡幾乎沒有低矮的灌木叢，顯得異常靜謐。在秋天，山毛櫸果實，又稱為「櫟果」，是許多動物的食物來源，時機艱難時甚至連人類也藉以充飢——山毛櫸的拉丁文名中，*fagus* 是從希臘文的「吃」演變而來的。

　　山毛櫸的樹皮很平滑，即使到了老年也不例外。如橡木之類的其他樹種，樹圍會隨著年齡增加，新的樹皮在老樹皮之下生長。由於老樹皮無法延展，被撐裂之後進而形成深深的溝紋。山毛櫸不然，它的樹皮能夠配合生長橫向延展，老樹皮會不斷以細碎尺寸脫落，使樹皮保持平滑。

　　德國人迷信山毛櫸能夠避卻閃電，確有其科學解釋：雖然閃電擊中同樣高度樹木的次數也很頻繁，山毛櫸卻比較不容易受到損傷。它平滑的樹皮很容易就被雨水打濕，因此在被閃電擊中後，電流會在樹皮表面迅速下行，造成輕微損傷。反之，橡樹或栗樹乾燥多裂縫的樹皮會將電流引導進比較潮濕的樹心，使樹幹內部的水分在瞬間沸騰，將樹身炸得四分五裂。另一個更平淡無奇的推論是，原野中單獨矗立的橡樹比山毛櫸多，因而更容易被閃電打中。

　　山毛櫸的光滑樹皮和書寫之間有很長久的淵源。羅馬詩人維吉爾承認自己曾在山毛櫸樹幹上刻字；薩克遜和其他早期條頓人使用山毛櫸木或樹皮板塊刻劃盧恩碑文和銘詞。最早期的書本以牛羊皮紙作為內頁，負責保護內頁的封面和封底通常是山毛櫸木板。漸漸地，許多語言中描述山毛櫸的文字和書寫文字開始牽連在一起。比如德文中的山毛櫸是 *Buche*，書本是 *Buch*，字母是 *Buchstaben* ——明白地表示字母是刻劃在山毛櫸木板上的符號。中世紀歐洲的書桌常常是以山毛櫸做成；在古騰堡之前的時代，人們在山毛櫸樹皮上刻下字母，作為印刷實驗。今天的山毛櫸樹上常刻有愛心和邱比特的箭頭符號，是青少年為了填補青澀年華和宣示愛情而留下的疤記。

烏克蘭

歐洲七葉樹
Aesculus hippocastanum

　　如今歐洲七葉樹（又名馬栗）在它的原生地：希臘和巴爾幹半島中部已經很罕見了，但是歸功於數個世紀以來的園藝造景和都市計劃人員，它卻蓬勃生長於世界所有溫帶地區的公園和大道旁。

　　在基輔，始於十九世紀初期的歐洲七葉樹種植狂熱始終未曾消退，旅遊手冊上更理直氣壯地宣稱全世界再也沒有比基輔更適合的城市能令遊客欣賞歐洲七葉樹之美。歐洲七葉樹遍布基輔，具有堅固的樹幹和枝條，以及古典的鐘狀外型。五月時，歐洲七葉樹化身為巨大的分枝燭台，在初春長成的典型大量枝狀花苞會在此時爆發出明顯的五片或七片扇狀排列葉片，上方繁茂的花朵形成的「蠟燭」吸引無數遊客和授粉者的青睞。蜜蜂負責將含有雄配子的花粉傳播到每一棵樹上，得到令其精力十足的花蜜。當花蜜被蜜蜂採集完之後，該花朵會開始變色，從原本的黃色轉為橘色再到深紅色，告訴孜孜矻矻的蜜蜂另尋有蜜的花朵。這場引人入勝的攜手演出能使樹木專注地讓尚須授粉的花朵製造花蜜，又能避免蜜蜂白跑一趟。

　　七葉樹的種子甚大，從多刺、內有保護層的果莢中釋出，表皮極具光澤，咖啡色和栗子相近。在英國，孩子們拿這些可愛的果實來玩馬栗果實遊戲。他們在果實上鑽洞，繫在一根鞋帶上，輪流用自己的馬栗砸爛對手的馬栗。遊戲的關鍵點在於避免不了、細膩到令人驚訝的計分規則談判時刻，比如當鞋帶纏在一起時；以及孩子們堅決否認偷偷將對手的馬栗烘烤過或泡了醃菜汁。

　　雖然馬栗樹令人聯想到有趣的童年時光，卻也提醒歐洲人一段最黑暗的歷史。在二次世界大戰時，安妮‧法蘭克能從藏身的阿姆斯特丹閣樓窗戶望見一棵七葉樹。她在日記中寫到那棵樹的枝幹在冬天光禿禿地，但是春天到來時絕對會充滿生機，令她充滿希望。不幸的是，她在被人出賣之後失去了生命。當那棵七葉樹在二〇一〇年死亡時，從它的種子培育出來的樹苗被廣為發送，藉著這個代表正向和生命的符號，傳達社會上一致認同、尊敬不同種族的理念。

西班牙栓皮櫟
Quercus suber

　　西班牙栓皮櫟（軟木橡樹）的生長速度十分緩慢。它的樹身低矮，粗壯扭曲的常綠枝幹向外延展，輕易地就能活到兩百五十歲；若是在開闊的地形中，能夠長出巨大的樹冠。春天時，美麗的黃色花串和深綠色的葉叢形成宜人的對比。葉片具有類似忍冬青葉的刺狀邊緣，卻比較厚實有彈性，常常覆有一層絨毛。

　　這種樹需要環繞地中海西部低矮坡地上的潮濕冬季海洋氣候和炎熱的夏季。從大西洋海岸到義大利；從阿爾及利亞到突尼西亞，栓皮櫟樹林覆蓋了兩萬六千平方公里（一萬平方英里）地表，但是全世界超過一半的栓皮櫟木料產自於葡萄牙，其餘的數量幾乎全部來自西班牙。

　　栓皮櫟本身的木料並無出奇之處，但是厚厚的樹皮卻很特別。根據老普林尼所述，他那個時代的羅馬帝國婦女們很喜愛以軟木做鞋底的涼鞋隔絕效果，質地又輕，還能墊高身材。栓皮櫟的樹皮是為了防止樹木遭到火焚而演化出來，它的隔熱效果好到曾經被用來保護美國太空總署太空梭的燃料箱。當然，栓皮櫟最普遍的用法跟酒有關。在古時候，希臘和埃及的雙耳瓶就以軟木做塞了，但是直到十七世紀，僧侶製酒行家唐・培里儂（沒錯，就是他）才開始倡議這個天作之合。直到現在，英文裡仍以「軟木塞」直呼酒瓶的塞子。

　　栓皮櫟的樹皮形式是為了防衛樹木受到真菌和微生物侵襲而演化出來的。它非常不透水，甚至是空氣也不例外，而且幾乎能夠完全保持惰性，沒有其他自然生長的植物產品能在不經過處理的狀況下，和這麼多物質接觸後仍然保持本質。栓皮櫟的樹皮能防水、燃油、一般油以及理所當然的酒精。它的細胞能夠承受極度的壓力，卻仍保持彈性——最適合被緊緊地壓縮塞進瓶頸。另一個好處是，當軟木被裁切之後，表面會形成許多微細的杯狀洞，這些具吸力的小洞能防止軟木塞沿著光滑的瓶頸滑進瓶身。

　　栓皮櫟的樹皮再生速度快得令人納罕。一棵樹長到二十歲時就可以開始採收樹皮，然後大約每隔十年便可重複採收。從樹幹採下來的樹皮高度可達二點五公尺（八英尺），粗壯的樹枝也可採集樹皮。採集時間在晚春和初夏，此時圓筒狀的樹皮能輕易和樹身分離。採樹皮是需要技術的工作。斧頭劈砍時必須

有信心地注入相當的力道，否則樹皮會吸收掉絕大部分的力量；但是力道又不能強到會損傷內部樹皮，使其無法繼續再生。一棵中年的栓皮櫟至少可以採收一百公斤的樹皮，由於樹皮質地很輕，因此這個重量能做出多得不得了的軟木塞。接下來就是浪漫的瓶塞製作過程了。樹皮經過煮沸、刨刮、裁剪、修整、高壓蒸汽壓平之後，再由高精密的巨大打孔機，在軟木條上打出塞子，供全世界的酒莊使用。採收樹皮之後的幾個星期之內，外露的樹幹就會從金褐色的平滑表面轉變為深深的暗紅色，質感也會變得較粗糙。被採收過的栓皮櫟看起來有種古怪的裸露感，就像在海上划船的英國人將褲管捲起來，露出下面被太陽曬過的細長桿腿。

栓皮櫟是一種叫做蒙塔多（montado，西班牙文是 dehesa）的獨特永續混和農法裡的構成元素之一。這種農法除了使用栓皮櫟製造軟木塞、狩獵、採集等等策略，還用栓皮櫟的果實餵羊、火雞以及豬隻。和許多傳統經營方式一樣，蒙塔多農法支持了許多罕有和瀕危的物種，比如伊比利山貓、白肩鵰和黑鸛鳥，此外還有林鴿、鶴、雀以及所有這些物種捕食的小型生物。

然而令人難過的是，這個平衡系統正受到威脅。有時候我們會在酒裡聞到由一種叫做三氯苯甲醚的化學物質製造出的霉味，我們的鼻子對這種味道極端敏感，即使酒杯裡只有十億分之一克這種化學物質，一般人也能聞得出來。

在一九八○和一九九○年間的多項報告顯示成批劣質軟木塞汙染了酒（產生軟木塞味），因此某些製酒廠商開始尋找人工酒塞替代品。如今，人們比較理解軟木塞的生物化學理論了，生產過程的控管比以前謹慎，軟木塞也幾乎不再汙染酒液，但是許多製造商已經養成對旋轉式瓶塞和塑膠「軟木塞」的偏好。這個現象可說頗為遺憾，因為蒙塔多農法的存續仰賴於它生產的軟木塞經濟價值。如果對軟木塞的需求消失了，基於經濟壓力，那片土地勢必得變更用途。因此，當你選購葡萄酒時，要選擇有軟木塞的，同時細細品味保護生物多樣化、支持和諧生態的樂趣。乾杯！

長久以來，柯木（202 頁）的果實不但養活了動物，也是人類重要的食物來源。

摩洛哥

摩洛哥堅果
Argania spinosa

　　摩洛哥堅果的蹤影可見於摩洛哥西南部和部分阿爾及利亞，它的根深深扎進貧瘠的土壤裡，成爲對抗撒哈拉沙漠的最後一道防線。它是典型的半沙漠樹種，具有表面油亮的小尺寸樹葉，樹身多瘤，生長速度緩慢，還有猙獰的刺可以抵禦飢餓的草食性動物。因此，當我們見到山羊如懸空般端立於它的枝葉之間時，那幅令人驚奇的畫面不但超現實，甚至顯得滑稽。這些山羊該不會住在樹上吧？眞相是，這些行動格外敏捷的動物已經學會避開尖刺了，而且牠們喜歡吃的不是葉片，而是果實。

　　摩洛哥堅果樹橢圓形的果實色澤金黃，尺寸類似小顆李子，有的時候一端略長。果實的外皮既厚又苦，包裹的果肉聞起來香甜，吃起來卻澀得令人瘪嘴——對人類來說啦！果實中心有一顆果仁，跟鐵釘一樣堅硬，保護著一到兩顆小小的，富含油脂的種子。這就是摩洛哥堅果油，能用於烹飪和美妝產品裡，是當地的主要經濟來源，支撐大約三百萬人民的生計。

　　仲夏時節，果實會變乾變黑，掉落到地面。榨油的方法是收集果實，連被山羊排泄或吐出來的果仁也不放過。這麼做使得堅果油帶有一種普遍不被出口市場欣賞的山羊氣味，因此柏柏爾婦女們開始用手工除去果肉（當然，就是用手拿果實去餵山羊），然後用傳統的方法：以兩塊石頭敲開果仁（這個具有社交功能的過程很快地就被現代榨油方法取代了）。果實先被磨成泥，再藉著揉捻擠壓出油，在烹飪過程中的角色與地中海國家使用橄欖油的方法一樣，也是安姆魯杏仁醬（*amlou*）的基底油，這是杏仁果泥混和少許蜂蜜的沾醬。摩洛哥堅果油也被當地人拿來治療皮膚病和心臟不適，同時在富裕的國家作爲時尚（又高價）的健康沙拉醬用油，以及護髮產品和抗皺乳霜。

　　人類、山羊、摩洛哥堅果樹三者之間的關係很複雜。油品出口所得的收入對樹本身來說並非好事，因爲當生意好的時候，這個地區的傳統財富象徵是……擁有的山羊數量。所以如果樹上爭食堅果的山羊太多，雖然畫面看來很有趣，羊群卻會開始嚼食樹葉造成更多損害。

西班牙

冬青櫟
Quercus ilex

　　冬青櫟來自於圍繞地中海北緣的國家，在西班牙境內尤其常見。它的樹形高大堅實，巨大的頂部枝葉密集，炭灰色的樹皮裂成小塊不均勻的板塊。橢圓形的葉子類似冬青（冬青在拉丁文中是 *ilex*，古英文中是 *holm*），並因此而得名。葉片常綠；嫩葉有刺，表面色澤極深，對於櫟樹來說很不尋常；老葉則會在新葉萌生之後的兩年間脫落。這些葉片非常能夠適應乾燥氣候；背部有一層暖灰色的細絨毛，在反射光線的同時也能在葉片周邊留住一層空氣，減少水分蒸發。

　　大量的金色柔荑花絮在春天灑滿枝頭，六個月之後則由櫟實取而代之。有些樹種，比如柳樹和樺樹，年復一年製造的種子數量大致相同，並藉由風力傳播。其他如山毛櫸和橡樹生產的大型果實——特別吸引飢腸轆轆的松鼠——卻有別的策略。它們會接連好幾年僅僅產出很少的種子量，然後時不時地，所有鄰近區域內的樹會全部同步製造出豐碩的果實，也就是我們所謂的「餵食年」(mast years)。冬青櫟和其他生產殼斗果實的樹藉著這個策略餵飽掠食者，確保在松鼠大飽口福之餘，仍有足夠的剩餘種子能夠萌芽。如果它們產出的果實樹量年年雷同，掠食者的數量就會隨之調整，樹木便無法繁衍幼苗了。對樹木來說，餵食年帶來的壓力很大，大多數的櫟屬樹種都會在前一年開始儲存養分，好準備來年大舉製造果實。為了供給果實養分，冬青櫟會在餵食年長出大批額外的葉片。到了下一個生長季，樹木需要恢復生氣的時候，便會生產較少量果實，由於前年長出比平常多的葉片，本年的落葉數量因而變多，樹木年輪也比較窄。

　　冬青櫟的果實用來餵養伊比利黑毛豬，做成有名的西班牙伊比利火腿。豬隻每天食用六到十公斤的櫟實，還會靈巧地去掉櫟實的外殼和其他無法消化的部分。冬青櫟果實除了使豬肉味美，西班牙科學家近來還指出，果實中的某種成分能夠幫助肉排在烹煮、冷藏、重新加熱的過程中維持原有風味。

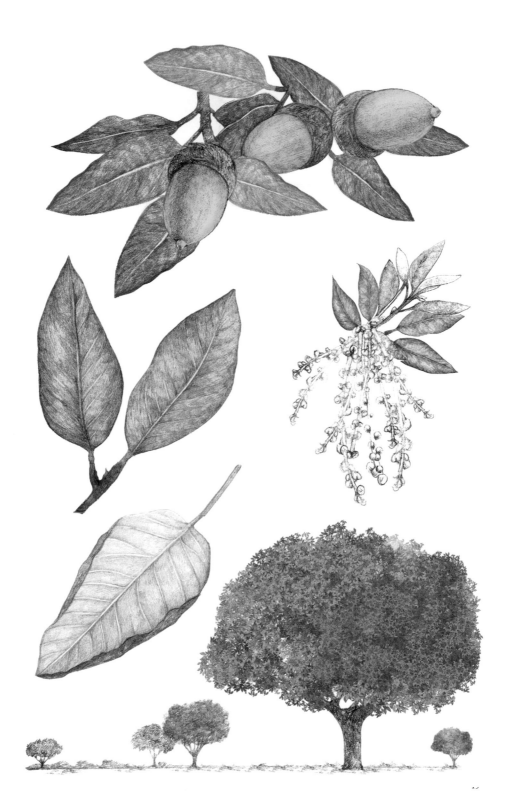

克羅埃西亞，法國

歐洲栗
Castanea sativa

　　歐洲栗又叫「西班牙」栗，原生於阿爾巴尼亞到伊朗，美味的果實富含澱粉，在地中海地區已經有兩千多年的種植歷史了。栗子的營養價值近似小麥，可以磨成粉或粗粒，在人類歷史上是許多歐洲地區的主要糧食，尤其是不易種植雜糧的崎嶇地域，比如法國色芬山區、義大利阿爾卑斯山腳，尤其是多山的科西嘉島。

　　若任其自然生長的話，歐洲栗是可以長到三十五公尺高（一一五英尺）的落葉喬木，堅硬粗壯的樹幹和高度相較顯得異常寬大，樹皮是很深的紅棕色，通常具有向上蜿蜒的深溝。葉片很大，有深深的齒狀邊緣，小型花朵聚集成細長的黃色花柱，為栗樹蜜增添富有特色、但並非每個人都喜歡的苦味。

　　栗子在秋季成熟，包裹在淺綠色、多刺、松鼠無法接近的殼裡。我們可以戴上手套小心地打開多刺的外殼，看見裡面閃閃發亮的棕色寶石。最適合食用的是裡面只有一顆栗子的果實，裡面有兩顆或三顆栗子的果實則被用來餵動物。在科西嘉島和色芬山區，人們會先將栗子烘烤到焦糖化之後再碾成栗子粉。

　　栗子森林是人為產物，需要許多人工介入。樹木首先被修剪成低矮寬闊的形狀，然後通常藉由嫁接將耐病蟲害的品種和產果實的品種結合在一起。光是在科西嘉島就大約有六十種不同的栗子品種；如此的多樣化能夠幫助栗子樹對抗氣候變化以及病蟲害，對交互授粉也是不可或缺的。若是以生產糧食的目的種植，栗子樹需要人類的呵護、照顧、嫁接以及修剪，同時保持地面整潔，雜草不生。然而，辛苦工作是值得的：當地出產的獨特栗子品種具有它們的「產地風味」——是品種特色和價值的重要指標。

　　自古以來，前仆後繼的外來移民試著指揮科西嘉人如何營生。最早是在中世紀，統治科西嘉島的城市國熱那亞希望島上的半游牧人民定居下來，增加經濟效益，並且——最重要的——繳稅，因此通過法案要求人民開始種植養護栗子樹。科西嘉島民欣然接納了栗子樹，卻自創出一套全新的農業系統，稱為卡斯塔涅圖（*castagnetu*），用以配合原有的社會關係：土地仍然為分區公有，羊群、豬隻以及栗子樹由各村落自行管理。

當法國在十八世紀中葉接管科西嘉島時，卡斯塔涅圖系統已經成為科西嘉島的主要認同特色了。法國人不了解為了保持栗子的高產值所需付出的工作，認為栗子樹是造成該島經濟甚至道德發展遲緩的罪魁禍首，並將卡斯塔涅圖系統視為島民怠惰的藉口，進而企圖強力施行雜糧生產。其實當時這個栗樹農業系統已經足夠支撐科西嘉島這個全歐洲人口密度最高的區域了。類似伊比利半島上栓皮櫟森林的種植系統，科西嘉島人再次適應了新的生活型態，創造出與土地共生的系統，結合栗子樹和雜糧、人類和動物。這種生活型態需要社會化知識和長期的計劃：栗子樹是為了未來的世代結果。

第一次世界大戰令科西嘉島的人力大失血。有些樹被砍倒作為木材，其他的受到真菌攻擊而死亡。如今，卡斯塔涅圖再次成為抵禦外來攻擊的反抗精神象徵。從一九八〇年代起，卡斯塔涅圖系統和位於系統核心的栗子樹得到了蒸蒸日上的支持。

用略帶甜味的栗子粉做成的栗子餅，比玉米粉做成的玉米餅還美味，也更鄉土；此外還可以做成鬆脆扁平的麵包──因為栗子不含能夠黏結成團的麩質。栗子粉還能用來做皮耶特拉啤酒（Pietra），喝起來還算爽口，可惜沒有栗子香味。另一方面來說，栗子醬（有甜味的栗子泥）可說是上帝賜給可麗餅的美味配料。

另一種有苦味的蜂蜜是蜜蜂從草莓樹（16 頁）上採的花蜜釀成的。

義大利

挪威雲杉
Picea abies

挪威雲杉（又名歐洲雲杉）的原生區域包括部分北歐地區，以及中歐和南歐山區。這種金字塔型的針葉樹有灰棕色的鱗狀樹皮以及長形圓筒狀的毬果；樹身通常可以長到五十公尺（一六五英尺）高，但是低處的樹枝會在長出來二十年左右開始向下垂。它的主幹可以活到四百年之久，不過有時當低處樹枝碰到地面之後，會開始生根長出新的樹幹。由於有了這個稱為「壓條」的繁殖過程，一株位於瑞典達拉納地區叫做「老提哥」的挪威雲杉，其最老的根系經過碳十四的鑑定共有九千五百年之久，但是它精神抖擻的現存樹幹只有幾百歲而已。

請你在腦中想像一株典型的聖誕樹，你想到的多半是挪威雲杉的樹形。事實上，挪威為了感謝美國和英國在世界大戰期間的幫助，每年都會分別捐一株聖誕樹給紐約、華盛頓首府以及倫敦，在節慶季節中安置於這些城市的市中心廣場。然而，挪威雲杉在節日的裝飾性要角並不是這種樹打動人心的主要原因：而是因為它是能製成共鳴板的「樂器木料」，結合成世界上最有價值的弦樂器。

所有我們聽見的聲音都來自於空氣的振動，但是單靠一根弦振動，我們卻很難聽見音響，因為它單薄地切過空氣，只能製造出微小的音量。要做成樂器，我們必須利用共鳴板將透過彈撥或琴弓摩擦的琴弦聲響能量轉移成更大的空氣振動幅度，再進入我們的耳朵。堅硬的材料能做成最棒的共鳴板，因為它們可以有效地將一個分子的振動轉移到另一個分子上；如果是比較有彈性的材料，能量會在聲波穿越共鳴板時損耗掉。然而，共鳴板的密度不能太高，否則分子會製造出太多能量，使聲音變濁。還有許多因素會影響樂器的音色和個別特色：木紋的走向、共鳴箱壁尺寸，甚至表面塗料。

挪威雲杉並不是非常沉重的木料，但是就它的輕巧重量來說，算是十分結實。這種不尋常的組合意味著二到三公釐厚（十分之一吋）的挪威雲杉木板放射出的聲音，會比其他木料更均勻、更紮實。不過並非所有的挪威雲杉都一樣。高緯度、貧瘠土壤和低溫聯合起來能使樹木生長格外緩慢，使木質更堅硬，製成的小提琴也會發出更響亮悅耳的音色。最特別的吉他、小提琴和大提

琴——這些樂器無法比擬的音質格外受大眾喜愛——都是由生長緩慢的阿爾卑斯山區雲杉做成的。

　　製琴師史特拉第瓦利和瓜納里製作他們的名琴共鳴板時，都是用來自義大利阿爾卑斯山區的挪威雲杉，這個區域離他們在克里蒙納的工作室來回需要一天。這些製於十七和十八世紀的樂器之所以如此特別，是因為它們使用了生長於「小冰河時期」的木料。「小冰河時期」始於十五世紀，大約持續了幾百年，太陽在這段時期間的活動減緩，寒冷的氣候使得原本生長就不快速的阿爾卑斯山區樹木益發慢下生長速度。它們的年輪特別窄，能製成非常堅硬而且均勻的共鳴板：為小提琴的黃金製琴年代奠下基礎。

　　當克里蒙納地區的森林消失之後，瑞士成了新的木料來源。當地伐木工人開始為小型家庭式製琴工坊尋找結節最少、生長最緩慢的「共鳴樹」。樹木在寒冷的休眠期間被砍下，依照傳統，通常是在新月出現之前，能夠砍伐的樹木數量也有嚴格的規定。砍下來之後，這些木料會被鋸成木條，進入非常緩慢的乾燥過程。乾燥時間至少需要十年，此時一片小提琴大小的木板在指節扣擊下會發出清脆的響聲——要價自然不菲。據說，乾燥五十年的木料尤佳。

　　為了在現今比較溫暖的環境裡重現如此珍貴的材料，研究人員已經開始在剛鋸下的雲杉上種入一種真菌，能夠吃掉木質細胞裡的非結構性部分，使木材更輕，卻不損傷結實度。初期的實驗結果聽起來頗具前途，但是在目前這個階段，我們用來製造最好的共鳴板方法仍然和史特拉第瓦利使用的大同小異。畢竟，一棵生長了兩三百年的樹能夠被做成頂尖的小提琴，在接下來另一個兩三百年裡奏出悅耳樂章，其間再等待區區幾十年又何妨？

　　輕木（178頁）就重量來說也算是很結實的木材。

義大利

赤楊
Alnus glutinosa

　　表面上看來，赤楊的辨識特色並不多。的確，藕紅色的花朵和垂墜而下的柔荑花序是花藝家的創作良伴。球拍形狀的深色葉片頂端往往向內凹，而不是收尖的，嫩枝表皮有黏性，其拉丁文名中的 *glutinosa* 因此而來。雖然赤楊的辨識特徵不過如此，但是表象能騙人：赤楊的木質結構其實很特殊。

　　赤楊很喜歡水，在河岸和濕地長得最好。它有一項樹木罕見的特性，就是和住在根瘤裡，能夠留住氮氣的細菌共生。有時這些菌瘤能長到蘋果大小，通常位在赤楊樹的根部。得到糖分的細菌會製造肥料供樹木使用，使樹木能夠往多水的地點綿延生長，促進土壤肥沃度。

　　成為木材的赤楊木仍然保持它和水的特殊關係。十二世紀時，威尼斯諸島的居民在尋找材料穩固和擴建位於沼澤區的建物時，發現作為防洪門的赤楊木具有很好的用途。他們知道潮濕的赤楊木暴露在空氣裡會迅速腐爛，但是假如持續地浸在水面下，木材卻會始終完好如初。事實證明，只要赤楊木一直完全泡在水底，就可以維持幾百年同樣的抗壓強度，其細胞壁中的化學物質能使造成腐爛現象的細菌難以蔓延。威尼斯居民瞭解到，以赤楊木柱打下的地基能夠牢牢撐住宏偉的建築，而他們有的是無與倫比的膽量，運用這項知識打造位於潟湖中的夢想之城。

　　藉著有系統地將市區分成小區域築牆、抽乾湖水，威尼斯的工程師將木柱插入泥巴下的土壤（subsoil）——大約一平方公尺／一平方碼安插九根木柱——確保木柱頂端在潮水最低時也仍然位於水面下。接著倒下數層磚頭碎塊和石頭，填滿木柱之間的空隙；再以落葉松木板覆蓋頂端，用來分散其上建築石材的巨大重量。最龐大的建築物仍然需要使用橡木柱，但是威尼斯大部分的建築，包括里阿爾托橋和許多重量級鐘樓都是確確實實建築在赤楊木上的。

　　如此，赤楊木負責撐起大膽的建築壯舉，使威尼斯能夠向所有鄰近區域驕傲地展現自信；而且若不是有赤楊木，這個邦級城市便永遠無法擁有超級軍事力量。赤楊木以能夠燒成最高品質的木炭而聞名。這些木炭很容易就能磨成炭粉，具有無與倫比的均勻度以及很高的軍事重要性。用赤楊木炭做出的火藥能使子彈和砲彈的射程更遠，速度更快；手榴彈和地雷爆破後，能比其他木材製

成的平庸火藥造成更大的破壞。即使在今日，最高級的槍枝火藥仍然來自赤楊木。赤楊木炭燒出的熊熊高溫是熔化鐵材的必要元素，成為製作工具和船隻零件的基礎。

在十四世紀末，威尼斯的製鐵區（義大利文中為 *getto*，後來演變為稱呼猶太住宅區的 ghetto）有幾座全世界效率最高的冶煉爐，用的就是赤楊木炭。威尼斯城中的軍械庫區成為全世界最大的工業區，一萬六千名生產線上的工人能夠以驚人的速度，在一天內打造出配備武裝的海上艦艇。威尼斯是奠基在重商主義和軍事力量上的，和今天媲美主題公園的浪漫城市截然不同。

當時的威尼斯狼吞虎嚥地對各種不同木材照單全收：赤楊木自不用說，還有用於粗大梁柱和船隻的橡木；做船槳的山毛櫸；龐大的倉庫裡儲存著用來烹飪和取暖用的廉價木材。因此，木材供應必須嚴格控管。義大利本土上的大片森林被保留給全省使用，到了十六世紀中葉，甚至有一批官方稽查人員、地圖繪製員、森林巡守人將標記烙在價值最高的樹上。他們負責監督伐木工人和鋸木匠的工作內容，還有透過水路、潟湖將木材運到到木材市場的撐筏人工會。

雖然每一種木材都有它負責的角色，但是唯有赤楊木能夠做出商船和軍艦上的鐵製零件，調配出軍艦上的大砲火藥；唯有赤楊木能撐起建築工匠為自己築起的屋舍。七百多年之後，這些木柱仍然支撐著所謂的漂浮之城：華美的建築物，以及優遊其間的觀光客。

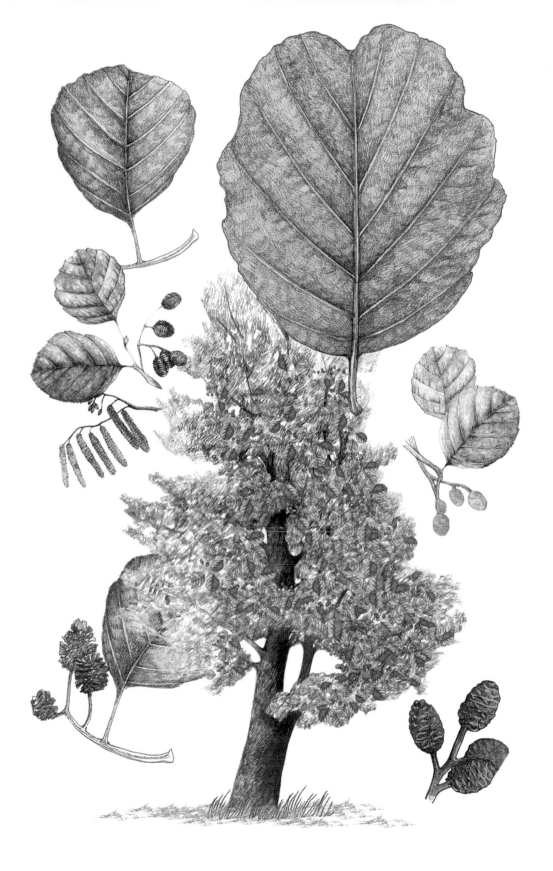

克里特島

榲桲
Cydonia oblonga

　　榲桲原生於高加索山和伊朗，這些地區有酷暑和寒冬，因爲榲桲這種小尺寸、外型蚓曲的果樹假如要順利地結果，在冬季裡就必須至少有兩星期處於攝氏七度（華氏四十五度）以下的低溫。榲桲的果實比其近親蘋果或西洋梨大一點，表面也比較凹凸不平。這三種果實都是「梨果」，意指它們的果肉部分其實是膨大的花朵底部，花瓣掉落許久之後形成的。黃色的榲桲表面覆著灰色的絨毛，味澀，未熟之前質地堅硬。

　　土耳其擁有數量最多的榲桲樹，供應全世界四分之一的產量。然而，與土耳其隔著愛琴海相望的克里特島西多尼亞地區才是榲桲的英文名 quince 發源地：由拉丁文的 *cotonium* 和法文的 *coings* 演變而來。在英國提到榲桲，我們會聯想起中世紀的騎馬長槍比武和乳酒凍；然而直到十九世紀，在不需要烹煮的甜味水果出現之前，榲桲都一直是廚房裡常見的食材。在地中海南部，榲桲被用於各種甜鹹菜色，從古典時期起就在菜單、文化、農業景觀中佔有一席之地。

　　榲桲可說是貨眞價實的愛情食物。在希臘神話中，帕里斯贈給愛與美之神阿芙蘿黛娣的金色「蘋果」肯定是一顆榲桲。在西元前六○○年時，雅典女性會被叮囑在新婚之夜食用榲桲，使她們更慧點，吐氣如蘭，嗓音更動聽。榲桲也替羅馬人的臥室增添香氣；在文藝復興時代的藝術作品中代表熱情、忠誠以及生育能力。即使在今日，榲桲仍然是傳統的希臘式婚禮蛋糕中的原料。將榲桲放在室內，那股直衝腦門的香味幾乎熏人欲醉，無怪乎因而獲得催情果實之名。它的白色果肉在加熱到一定的溫度之後會轉變成色澤豔麗的紅寶石色，肯定也是引人聯想的特色之一。

　　和許多現代的農作物一樣，榲桲也面臨近親繁殖的危機。數千年來，農夫們根據對自己有利的條件選擇農作物——以榲桲來說，他們重視的是碩大美味的果實。然而，使用日益縮減的品種交互繁殖以及再交互繁殖具有潛在的危機：果樹抵禦病蟲害的能力會被削弱。我們常見的植物品種在野外的親戚，比如高加索山區的榲桲祖先，仍然具有原始的基因多樣性，可供我們繁殖之用，因此我們必須加以保護。

月桂
Laurus nobilis

　　月桂樹是來自於地中海西部的常綠樹種，修剪整齊之後能夠作為為露臺增色的觀賞用植物。它同時也是茂密的灌木，常見於香草花園中；或是拔高成為十五公尺高（五十英尺）的挺拔樹木。月桂樹上的花團密集細小，花莖短，在雌性樹上開花之後會結出油亮的黑色漿果，一顆漿果中只有一顆種子。月桂葉堅硬乾燥，表面深綠、油亮、船型的葉片內有特別的腺體，是富香氣的精油來源。月桂葉被廣泛用於醃漬和鹹味菜餚中——尤其是先插入檸檬塊之後高溫烤過，再將檸檬汁擠在魚身上；有些南歐人會磨碎香氣更濃的月桂漿果來代替。

　　月桂葉在希臘神話中具有神聖的意義。處女水神黛芙妮被好色的阿波羅追求，最後因為決定選擇貞潔而非肉體享樂，遂呼叫她的父親前來相救。父親聽見她的呼救之後，將她變為一棵月桂樹而免遭非禮。喪氣的阿波羅決定就算黛芙妮不願成為他的妻子，他至少也能擁有她化身的樹。自此，阿波羅便將月桂樹裝飾在頭上，自古以來的阿波羅畫像也總是戴著月桂冠。月桂樹也和純淨的概念有所連結，自戰場歸來的希臘將軍們會穿戴月桂葉，以淨化從戰場上帶回來的鮮血和暴戾之氣。於是，希臘人的月桂冠以及繼之其後的羅馬人月桂冠，漸漸演變成勝利的象徵，代表戰事上的成就。

　　現代希臘文中仍然稱呼月桂為 *dáfni*。英文名稱則來自拉丁文：拉丁文中稱桂冠為 *bacca lauri*（月桂漿果），進而演變為英文的學士學位（baccalaureate），以及從法文轉化而來，表示攻讀大學學位的學士 (bachelor)。同時，諾貝爾獎得主和國家級詩人被稱為「桂冠得主」或「桂冠詩人」。義大利學生在畢業典禮當天會戴上桂冠，雖然如此並不代表已經達到人生成就頂峰了。

　　月桂和花楸種子（18頁）都是由鳥類傳布的。

土耳其

無花果
Ficus carica

　　無花果果實來自生長於沙漠中的果樹。無花果樹的樹根深深扎進地底下，以善於尋找水源而聞名，它們還能迂迴地深入裂縫，在牆壁中生根茁壯。它們的外型可以是雜亂的灌木叢，或是高至十二公尺（四十英尺）的樹，具有光滑、色如灰色大象皮的樹皮。無花果樹在冬天時光禿無葉，寬闊、著手粗糙的葉片在晚春長出，適時為人類和動物提供遮蔭。

　　即使經過無數個世紀以來的畫家聯手努力詮釋，但是其實無花果葉片的葉緣凹凸幅度非常大，其實並不可能完美地為亞當和夏娃遮羞。縱然如此，將無花果與繁衍連結在一起的故事已經傳頌了四千年之久；確切地說，無花果在植物學中的故事重點便是性和性別。

　　無花果的「果實」性別或雄或雌，是富有肉質的中空圓瓶，內部有一層厚實的內墊：密密麻麻的細小花序（這個圓瓶的學名叫做隱頭果〔syconium〕，源自於代表無花果的希臘文 *sykon*；「拍馬諂媚者」〔sycophant〕這個字來自同一個字根，當初有可能指的是古時候那些不切實際、企圖改良社會、專門舉發走偏門違反水果出口條例的不法之徒）。無花果樹有兩種：雌樹會開雌性花朵，負責結出我們食用的果實；雄樹卻結出乾硬無法入口的「野生無花果」，花朵大多數是雄性，少數為雌性（野生無花果的英文名字 Caprifigs 來自山羊——牠們是唯一會大嚼這種果實的生物）。困難之處在於從位在雄樹雄性果實中的花朵取出花粉，帶到雌樹上雌性果實裡的雌花中。

　　絕大多數的樹木是靠風力、富吸引力的特徵，或者甜美的花蜜便足以傳播花粉。無花果屬（譯註：中文亦稱榕屬）的植物卻與眾不同：一個品種仰賴一種特有的蜂為其傳遞花粉。替常見的食用無花果（*F. carica*）傳遞花粉的無花果小蜂都是雌蜂，沒有螫針，個頭極小——身長僅有幾公釐。牠們傳遞花粉的過程有如巴洛克風格般華麗。首先，雌雄兩種蜂都是在雄性野生無花果果實裡孵出來的。早在雌蜂尚未孵出之前，雄蜂便會與其交配，然後爬出果實外死亡。在這個階段，果實內的雄性花朵開始製造花粉。雌蜂稍事休息後，會順著雄蜂打通的出口爬出果實，身軀在這個過程中沾滿花粉。

　　牠會跟著氣味，尋找另一顆可以產卵的無花果。找到之後，牠便從無花果

底部的小洞擠進去，連翅膀和觸角都會因而脫落。如果牠擠進去的剛好是野生無花果，產下卵之後便會重複之前的循環。若是牠剛好擠進了雌的無花果裡，則會發現自己騎虎難下。就算牠造訪每一朵花序，在各處散布花粉，雌無花果內的花卻無法配合牠的生理構造，使牠易於產卵。這些經過授粉的花朵能發展出許多細小的種子，上面卻沒有幼蜂生長。雌蜂到此已經無計可施，植物裡的酵素遲早會將其消化殆盡。雌無花果持續膨大，增加甜度，吸引蝙蝠和鳥類──以及人類 幫助其散播種子；種子含有的潤滑劑能夠確保幼苗有足夠的營養生長。

　　有些無花果品種是刻意培育為單性結實，意味它們不需要經過授粉。然而在無花果最大的生產國土耳其，有史以來最受歡迎，也是公認最甜美的無花果品種是絲蜜爾納（Smyrna）。絲蜜爾納的名字來自於現今稱為伊茲密的土耳其愛琴海岸區域。這個品種和它的加州衍生種佳麗密爾納（Calimyrna），以及其他以風味聞名的品種都需要經過無花果小蜂授粉。早期在美國繁殖絲蜜爾納品種的失敗經驗，肇因於美國種植者認為中東農民在果樹枝葉間懸掛野生無花果的傳統做法是毫無根據的迷信，但事實證明這個做法是經過觀察累積，能夠促使無花果小蜂擔任授粉的牽線紅娘要角。

地中海柏木
Cupressus sempervirens

　　地中海柏木的不尋常之處，在於它有兩種差異很大的外型。野生種（horizontalis）曾出現在聖經中，原生於地中海東部和近東地區，到現在仍能在野外看見。這個種的外觀蒼勁，高約三十至五十公尺（一百至一六五英尺），規模巨大，枝葉向外開展，樹幹多節，往橫向生長。另一個變種／栽培種（*C. sempervirens var. stricta*）的外型呈尖錐狀：枝葉幾乎是垂直方向生長，與主幹平行。這種後起之秀細長的外型仰賴人為介入的插枝繁殖，有可能是羅馬人培育出來的裝飾樹種；常見於地中海地區，狀似驚嘆號的尖柱樹身聳立於法國南部和義大利托斯卡尼鄉間。在佛羅倫斯的波波利花園內，地中海柏木如哨兵般屹立於有三百年之久的大道旁。

　　地中海柏木的葉片深綠，又短又胖，有一層灰白色、交叉排列的鱗片，極能適應乾燥、強日照的環境。經由風力傳播花粉的雌性和雄性花朵生長在同一棵樹上；雄性花朵上有褐色和乳白色的線條，乍看之下有如一群蜜蜂。受精之後的雌性鱗球會轉變為銀灰色。這些核桃大小的鱗球會在晚秋成熟，藉由脫落的鱗片散播種子，但是為了防火，會有幾顆鱗球保持緊閉，等火災解除之後再散播種子繁殖出下一代。

　　埃及人使用富含樹脂的地中海柏木作為棺材和防蟲木箱；其原生地賽普勒斯便是得名於此樹。賽普勒斯島上的礦坑對羅馬人來說舉足輕重，是他們主要的銅礦來源。他們將銅礦置於小錫罐中冶煉成銅，並將銅礦稱為「來自於賽普勒斯的金屬（*aes Cyprium*）」，繼而演變為 *cyprum*，然後是 *cuprum*，也就是今日化學符號中的銅——Cu。在現代許多語言中，稱呼銅的字眼都與賽普勒斯的地中海柏木有關。

　　地中海柏木和賽普勒斯島的名字來自於神話人物庫帕里索斯（Cyparissus），其父親與希臘神祇阿波羅交好。庫帕里索斯意外殺了阿波羅最鍾愛的一頭雄鹿，在滿懷歉疚之下，請求永世背負這股哀痛。於是阿波羅將其化為地中海柏木，富含樹脂的樹液便代表他的眼淚。因此，地中海柏木成為靈魂不死和永恆之死的象徵，以及亡者世界的標誌，被廣為栽種於墓園。

埃及

椰棗
Phoenix dactylifera

　　三千年前寫就的希伯來文學、亞述人的浮雕和埃及莎草紙上的描述主題都有椰棗。可以食用的椰棗可能來自非洲東北部和美索不達米亞之間某處，在中東的培育歷史也許已經有六千年。它是該區域所有文化的代表水果和主要糧食，果實含有的糖分可達三分之二，由於它能使大量人口在沙漠裡生存，因而改變了人類的歷史。現在最容易看到椰棗的地區是埃及，國境內共有一千五百萬株椰棗樹，年產量超過一百萬噸的果實。令人驚奇的是，其中只有百分之三用於出口。

　　實事求是的植物學家們會堅稱椰棗樹嚴格來說不是樹，因為它沒有基本的木質組織；但是對於我們這些外行人來說，光是以堅韌的樹幹拔地而起便足夠稱其為樹了。樹幹基部有老葉脫落後留下斑駁的疤痕，能夠長到二十五公尺（八十英尺）高，上有二十到三十片約五公尺（十六英尺）長的葉片。如果在酷熱乾旱的盛夏中它能吸取地下水或接受人工水源灌溉，就可以存活一百五十年。每一株椰棗樹或雌或雄，雄樹的花粉必須確實抵達雌樹的花朵，才能結果。因此椰棗樹的擁有者通常不仰賴風力或昆蟲授粉，而是直接以人工授粉。傳統的做法是爬上樹身，但是如今已用吊掛噴灑花粉的方式取代了。最常見的商業椰棗繁殖手法是複製植物組織，或挖掘樹基根部的土壤，取根部的分株種植。這個方法能夠將不結果的雄株數量降到最低，維持現有的品種數量。

　　二〇〇五年，在以色列死海區域的馬薩達城堡遺跡中發現了椰棗果核。經過碳十四鑑定之後，確定有兩千年之久。研究人員澆上少許水，施以肥料和賀爾蒙之後，其中一顆果核順利發了芽。這株幼苗為雄性，被認為是現今僅存的猶地亞椰棗樹，約瑟夫斯和老普林尼都認為這個品種格外強健，受人歡迎。這株椰棗樹被命名為馬土撒拉（Methusela），定植於內蓋夫沙漠的集體農場上。二〇一七年時，它長到了三公尺（十英尺）高，在開花之後產出花粉。人們希望將它和研究人員培育出來已經發芽，同樣來自猶地亞沙漠的雌株交配。不知這個重新結出的古老果實會具有何種有用的生物特徵？

黎巴嫩雪松
Cedrus libani

　　若說壯觀的黎巴嫩雪松在人類文明的發展史中扮演了舉足輕重的角色，絲毫不誇張。採自它們的土壤和花粉樣本中，我們得知在一萬年以前，廣袤的雪松森林從地中海東部延伸到美索不達米亞平原和現今的伊朗西南部。研究已經證實雪松的原生地區限於黎巴嫩、敘利亞以及土耳其南部的孤立山區，卻也被西歐和部分美國地區的公園和大型花園作為裝飾性樹種。地位落差不可謂不大。

　　成熟的黎巴嫩雪松樹型巨大，又顯得異常優雅——它能長到三十五公尺（一一五英尺）高，樹幹直徑寬可達二點五公尺（八英尺）。對生長在多雪地區的針葉樹種來說，最不尋常的是它的枝幹幾乎都是水平方向伸展。無疑地，這些枝幹的質地很堅韌，但是成熟植株的枝幹不時會毫無原因地脫落——它們的重量可以達到數噸——即使在天候良好時也如此。樹身上的墨綠或藍綠色茂密的針葉層狀排列，深灰色的樹皮有富含香味的樹脂，使得漫步雪松森林中的感覺更加獨特。橢圓形的松果尺寸近於個頭比較大的檸檬，每兩年結實一次，成熟時會張開，撒下無數的小種子。

　　黎巴嫩雪松甚能忍耐冰凍的冬季和漫長乾枯的夏季，木質堅硬，耐腐爛，帶著美麗的紅色色澤，芳香悅人，粗大的樹幹尺寸易於加工，是集所有優點於一身的完美木材。然而，這也許就是黎巴嫩雪松的噩運。雪松在古時候是價值很高的原物料。它的木材在亞述、波斯、巴比倫和其他地區被用於建造廟宇和宮殿，並被腓尼基人大量買賣：這個航海國用雪松木材建造船隻、建築以及家具。埃及人用雪松樹脂封存木乃伊，法老王陵墓內的雪松木箱旁也看得到成串的木材刨花。聖經裡也提到雪松，並且在西元前八三○年左右，用於搭建耶路撒冷所羅門聖殿的屋頂。在那個衛生條件欠佳的時代，雪松抗菌防蟲，兼之氣味芬芳的優點，多半使它大受歡迎。時至今日，雪松精油仍被用於防止衣料蠹蟲；在土耳其南部有一種狀似柏油的雪松萃取物，能夠保護木頭建物免受蟲蛀和腐爛之害。

　　古老的故事中為了強調人力勝天的主旨，往往會描述砍伐雪松的事蹟。大約四千年前由蘇美人刻寫成的《吉爾珈美什》史詩裡，同名的英雄人物打敗了

半神半獸的雪松森林守護者胡姆巴巴，接著為了展示自己的神力，將森林夷為平地。現實中的過度開發也許是這個故事的靈感來源，並啟發了相當程度的保育意識，在西元一一八年時，羅馬帝國君主哈德良甚至規劃了一片皇家專屬雪松林。然而，之後的保育工作並不全面。目前在黎巴嫩本土，雪松具有其文化上的重要意義；他們的國歌中描述其國家的榮光仰賴於雪松：「象徵黎巴嫩的永生」，國旗上也有雪松圖樣。政府官方雖試著保護最後幾片廣大的雪松森林，以免成為土地開發的犧牲者；但是如今要欣賞這種以黎巴嫩命名的雪松，最大的自然群聚森林卻是土耳其南部的托羅斯山脈。

　　近年來由於溫室效應，人們開始尋找能在中歐蓬勃茁壯的森林樹種。初期的研究顯示，黎巴嫩雪松也許能夠勝任這個任務。氣候變遷也許對這個樹種來說是重新受到矚目的機會，但是如今卻很難想像當年被胡姆巴巴保護著的那片雪松森林有多麼廣大。

　　雪松以枝幹脫落時節不固定而聞名。對於瓦勒邁松來說（152頁），落葉卻是家常便飯。

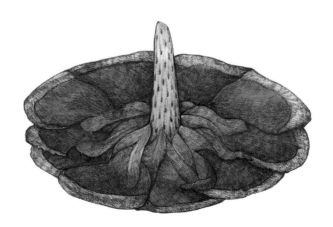

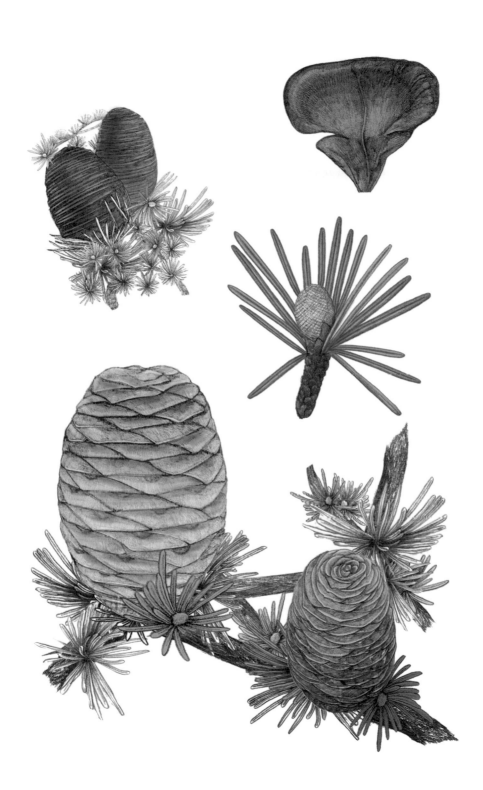

油橄欖
Olea europaea

人工種植的油橄欖樹蜷曲多節，異常耐高溫，乾旱以及山羊群，能夠輕易地活至一千年，並且幾乎終其一生都能結果。它的樹葉表面是深灰綠色，背面呈現銀色色澤，若使用顯微鏡觀察便能了解其葉面背部的鱗片構造能夠減少水分在高溫和強風吹拂下蒸發，閃閃發亮的色澤可說是典型的地中海地區植物特徵。每一片鱗片的寬度只有六分之一公釐（兩百分之一英寸）——透過顯微鏡放大之後，看起來就像滾著荷葉邊的洋傘。

目前，西班牙和義大利是橄欖樹的最大種植國家，但是橄欖樹和中東之間有其獨特的淵源：該地區從新石器時代起就開始利用橄欖樹，並在過去五千年中以人工繁殖，作為食物、醫藥，並製作出最重要的產品——橄欖油。在許多語言裡，稱呼「油」的字眼（包括義大利文的 *olio* 和法文的 *huile*）都是從古希臘文中的「油」抽取出來的。橄欖油提供的能量，勝過任何能榨油的果實，無論是作為油燈燃料或是食用油，都具有很高的利用價值。希伯來文和阿拉伯文稱呼橄欖的字彙很相近：*zayit* 和 *zeytoun*，兩者皆來自同一個也許和光明有關聯的字根。

猶太教、基督教以及回教都熱愛並且敬重橄欖樹，將其和光亮、食物和淨化相連結。舊約裡的洪水故事中，白鴿為方舟上的挪亞帶來一根橄欖枝，象徵大水和上帝的怒火都在漸漸消退。從此之後，橄欖枝便成為和平的同義詞，對該地域上的猶太人、穆斯林和基督徒、阿拉伯人、以色列和巴勒斯坦人來說是個罕有珍稀的狀態。這些比鄰而居的共生人民，如何才能認知到無論歷史上有何對錯，他們都必須幫助後代找到彼此和諧共生、使生命更完整的目的？也許透過代表和平、屬性堅毅的橄欖樹在其文化上的共通意義，當地居民們能夠找到不再在火上澆油的共識。

橄欖葉上有微小的鱗片（如下圖所示），能夠減少水分流失。冬青櫟（48 頁）則演化出另一套因應之道。

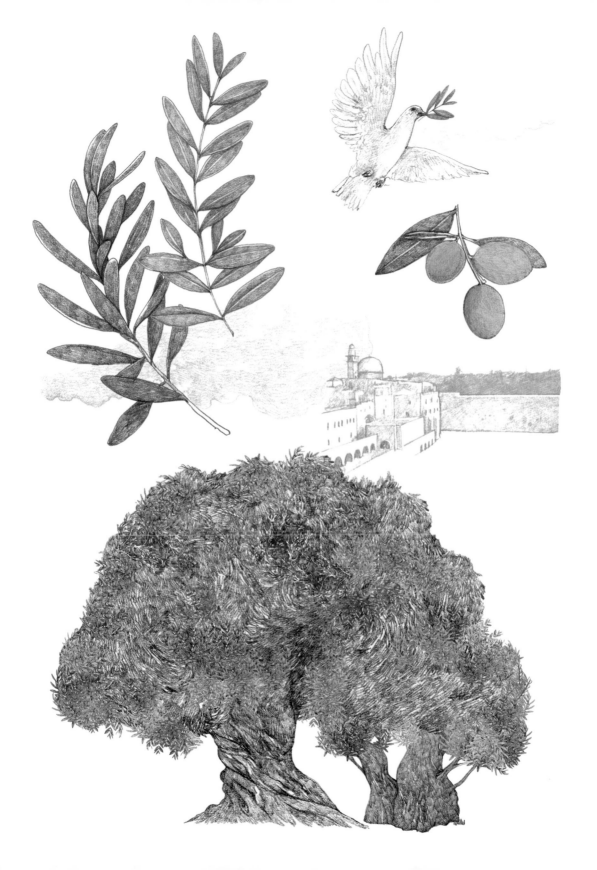

吉貝木棉
Ceiba pentandra

　　成熟的吉貝木棉長得很高大，能在視覺上造成很大的震撼：它是非洲大陸上最高的樹木，可以長到二十層樓高，樹冠既巨大又濃密。年輕的吉貝木棉樹幹是鮮綠色的，觸感光滑，具有特殊的結構。叢簇的枝幹明顯地朝水平方向層層發展，表面有許多錐狀尖刺。它的生長速度很快，低處的樹枝會向下垂墜，粗壯結實的灰色樹幹會向外長出醒目的蜿蜒拱狀板根，有時能大到供成人隱匿其後。一棵巨大的吉貝木棉，就可以代表一個完整的生物多樣性環境。它粗大的枝條支持著氣生植物，提供無數昆蟲和鳥類棲身之處，蛙類在高處枝條上積聚的水窪間蹦跳。

　　吉貝木棉在乾季會落葉，它們並非每一年都開花結果，但是當它們開花時，往往是在葉片重新萌生之前開出滿樹花朵，確保授粉者不受到干擾，或是影響種子散播。開花時，成團的花朵妝點在光禿禿的樹幹上，看起來異常不自然：花朵顏色是淡黃色，覆有一層蠟質感的光澤，聞起來像放了隔夜的牛奶，在在為了吸引蝙蝠和蛾類進行牠們的夜間任務。花期間的每個夜晚，一棵吉貝木棉可以慷慨地產出十公升花蜜，誘使蝙蝠心甘情願地在樹梢間來回穿梭二十公里（十二英里），順便散播花粉。隨後結出的船形果莢懸掛在枝頭——每棵樹可以結出幾百顆——在成熟過程中自綠色轉為油亮的棕褐色，包裹著多達一千顆的種子。這些種子可以用來榨油，但是最主要的用途是吉貝棉：藏在果莢裡細緻如絲的棉絮。果莢打開之後，遠看有如上千顆棉花球，使吉貝木棉因而得到另一個通名：棉花樹。

　　吉貝木棉的種子和棉絮靠著風力傳播，但是種子的油質表皮和木質外殼也便於在河流和海洋上漂流，或許就是當初吉貝木棉能夠抵達非洲大陸的原因。它的原生處在熱帶美洲（如今仍是瓜地馬拉和波多黎各的國樹），我們也能從花粉證據裡得知它已經在西非生長了一萬三千年之久。

　　吉貝木棉的棉絮結構中空，包裹一層纖薄的細胞壁，表面具蠟質，這個不尋常的特色使得吉貝棉絮特別輕，而且異於一般棉絮，耐水性極佳。直到二次世界大戰結束之後，它都仍被用於填充救生衣和救生圈。雖然厭水性很高，但是親油性卻很強——它的棉絮能吸收比其重量重四十倍的油。這個特性組合，

很適合用於必須將油水分離的情況之下，比如發生漏油意外的時候。吉貝木棉為了保護它的種子，演化出抗腐爛、對昆蟲和齧齒動物來說又不美味的果莢，其棉絮因而成為填充枕頭、坐墊、床墊、玩具和泰迪熊的熱門材料。

　　全世界最聞名也最具有重要象徵性的吉貝木棉，當屬位於獅子山共和國首都自由城中最古老的城區境內那株巨大的地標。當非洲奴隸們在美洲獨立戰爭中為英軍作戰重獲自由之後，於一七九〇年間回到非洲，向這株神聖的大樹致上謝意。

　　吉貝木棉和身心健康也具有密切的關聯。獅子山人民們仍然將獻給祖先的祭品放在樹下祈求平安和豐收；整個西非地區亦將吉貝木棉視為靈魂寄居的樹木。由於吉貝木棉和人類之間的關聯和廣大的樹蔭，它常被用於集會場所；當地醫者會在吉貝木棉樹下為社區居民排解精神或心理上的疑難雜症，等同其他地區所謂的群體心理治療。

迦納

可樂樹

Cola nitida

　　可樂樹原生於潮濕的熱帶西非。它有兩個很類似的樹種——*C. acuminata* 的葉片尖長；*C.nitida* 的葉片具有閃亮的光澤——都是中等尺寸的常綠喬木，通常不高於十五公尺（五十英尺），樹幹筆直矮胖。可樂樹淡乳黃色的花朵像頂端尖細的五芒星，咖啡色的花心也呈星形。果實並不起眼——凹凸不平的綠色果莢長約十五公分（六英寸），成熟時變成深棕色，裂開之後露出多顆表面光滑、尺寸近似栗子、或紅或白的種子。這些可樂果內另有玄機：它們含有的咖啡因是咖啡的兩倍（咖啡因是天然的殺蟲劑），並且具有其他刺激性物質和番木虌鹼。該地區的居民習慣咀嚼可樂果，據說初始的苦澀味道會在嚼食過程轉爲甘美，使嚼食者臉上泛著玫瑰紅的光采。

　　然而，可樂果和歷史的某些關聯令人聞之心驚。一般深信當初爲了減少飢渴的感覺，可樂果被帶上橫越大西洋的奴隸船，在磨成粉之後摻進飲水木桶之中，使其苦澀的味道較易入口。到了十七世紀，加勒比海和美洲大陸上開始種植可樂樹，當地的奴隸們偶爾會食用可樂果，一來緬懷家鄉，二來抑制飢餓和疲累。

　　可樂果在過去數千年間被當成貨物，人工種植的歷史也有數個世紀，在非洲內部的奴隸交易史上還扮演了重要的角色。直到十九世紀末，它仍然被來自地中海沿岸和蘇丹南部的商隊運送到位於今日迦納和馬利的奴隸市場中，作爲以物易人的奴隸交易代價。大約在同一時間，可樂果的醫療價值開始在美國被吹捧起來，到了一八八〇年間，它成爲可口可樂的創始原料之一，而當時的可口可樂飲料中還含有另一個使人亢奮的原料：古柯鹼。

　　時至今日，幾乎每一座西非市場中都看得到可樂果。它具有重要的社交地位，從人們相聚到告別，所有的社交場合裡都有它的身影：新生兒的臍帶會和可樂樹種子一起埋進土裡，長出來的樹就是那名孩童的財產。可樂果萃取物仍然爲某些「天然可樂」增添風味。我忍不住揣想，以烘烤過後磨成粉的可樂果沖泡而成的美味飲料「蘇丹咖啡」，是否也會成爲咖啡店的新寵，除了替農民們帶來新的商機之外，又樂得不需要砍伐森林種植咖啡樹。

波札那

猴麵包樹
Adansonia digitata

在許多文化中，銳利或尖頂的物件名稱多半有齒擦音（比如英文裡的 F 和 K），而圓滾的物件名稱聽起來比較圓潤，譬如英文裡的 B、M、W。因此名稱發音有如波啊波啊的猴麵包樹（有時也會發成姆啊巴、姆布又或莫哇那）毫不意外地，是地球上外型最圓滾滾的植物之一。

猴麵包樹說也奇怪，偶爾呈現群聚生長，但是通常一枝獨秀，並且可以活上兩千年。最常見的樹種 *Adansonia digitata*，其葉片或五或七，如掌狀從中心向外發散，常見於撒哈拉沙漠以南的非洲莽原。關於它富有奇趣的外型，傳說各有不同，流傳最廣的說法是造物主在決定該樹的長相時反覆改變主意，最後一怒之下將樹頭下腳上地甩進土裡，因此根系朝天而立。

巨大的猴麵包樹可以長到二十五公尺（八十英尺）高，樹幹直徑幾乎等同高度：必須動員十幾個人才能聯手環抱樹幹。老樹異常光滑的樹幹內部或許是因為真菌感染，幾乎都是完全中空的，並且被人類利用為棲身之所、倉庫、酒吧，甚至是牢房。猴麵包樹能夠在它柔軟多肉的樹幹裡儲存多達數千公升的水——口渴的象群受吸引而來，會將其扯得稀爛——它還有一個與其他樹種不同的特點，就是順應乾旱程度增大或縮小尺寸。

猴麵包樹的白色花朵懸垂如鈴，僅只盛放一天，花香在人類聞起來具有酸味。由於它的花缺乏豐富的花蜜，取而代之的是上千根雄蕊：狐蝠和嬰猴非常喜愛這種食物，會在覓食的時候全身沾滿花粉，進而向外傳播。樹身幾乎每一個部分都具有利用價值。花期過了之後，會結出碩大的橢圓形果實，懸掛在長達二十五公分（十英寸）的果柄頂端。褐色的果實表面有如披了一層天鵝絨，果肉味酸，具有粉質口感，可以作成富含維他命 C 的清爽飲料。沒被人類採食的種子會經由大象和狒狒散布（人類將種子作為咖啡替代物），不斷長出的樹皮能夠用於編織，使草蓆和帽子業蓬勃發展。在許多非洲傳統裡，猴麵包樹是逝去祖先們仁慈的靈魂居住之處。但是偶爾也會和邪惡力量產生連結。無論如何，這些迷信思想都令人們對猴麵包樹更加崇敬，進而積極地保護這些大樹。

辛巴威

蝴蝶樹
Colophospermum mopane

　　蝴蝶樹（又名松節油樹）生長在橫貫南非中部的帶狀區域上。它們支撐起非洲大陸上最重要的物種族群，包括大象和黑犀牛，並且是人類出乎意料的食物來源之一。

　　這種小型落葉喬木最高可以長到十五至二十公尺高（五十至八十英尺），和別的樹種比起來，主枝幹相形稀少，樹皮表面光滑，幼株時是灰色的，隨著樹齡增加會漸漸長出皺褶和溝紋。雖然它看起來很嬌嫩，但其實不然：當土層淺薄或在黏土土質裡，它能打敗其他樹種，成為最具主導性的樹。

　　蝴蝶樹的葉片會在乾季結束後萌生，非常顯眼。每一片葉片看起來就像一對文藝復興時代天使的翅膀，中央還有第三片已經退化的複葉。當逆光觀察時，我們能看見葉片上布滿透明小點，這些小洞裡含有類似松節油的樹脂。天氣炎熱時，如翅膀的葉片會闔起來向下垂，減少吸收光線和溫度，防止水分蒸散。因此，大部分的時間裡，蝴蝶樹的樹蔭稀稀落落，促使樹下的矮灌木蓬勃生長，吸引仰賴它們維生的昆蟲和鳥類。齧齒動物和更大的動物以樹葉和果實為食，將種子傳播至遠方。如此完整而且耐人尋味的生態系統，就叫做蝴蝶樹林地。

　　蝴蝶樹的花藉由風力散播花粉，樹群密度高，使花粉易於達到目的地。由於它的花朵不需要吸引昆蟲或動物，所以尺寸不大，顏色是淡綠色，並無出奇之處。種莢藉由陣雨沖刷散播，各包有一顆腎形種子，表面具有黏性，帶著複雜的花紋，特別能夠保持水分。

　　蝴蝶樹的木質堅硬，抗蛀性強，是建造人類村落中木屋的首選材料。它的密度足以使木材沉入水中，音響效果絕佳，適合製作薩克斯風和黑管。但是蝴蝶樹與眾不同的優點在於它是數百萬人口的糧食來源——並不是樹木本身，而是住在樹上的物種。在冬季末，樹上聚集了大量可樂豆木天蠶蛾（*Gonimbrasia belina*），赤褐色、有大眼狀斑點的翅膀展開之後能達到兒童的手掌長度；牠們從土地裡鑽出來，交配之後在蝴蝶木的葉片上產卵。到了夏天，這些蟲卵便孵化出幼蟲。幼蟲並不怕葉片裡的樹脂，大嚼葉片之後能在六個星期之內增加四千倍的重量，但是牠們的進食期比其他蛾種短了許多，使蝴蝶樹得以恢復生

氣。樹葉被吃光之後六個月，年輕的蝴蝶樹就能夠長得更茂密，葉片尺寸雖然比較小，卻比之前密集，樹叢會恢復成六個月前的樣貌。沒人知道與被鹿嚼食部分葉片相比，爲何即使被毛蟲蠶食得光禿禿的，這些樹反而更能恢復驚人的生機。

蝴蝶樹上的毛蟲比中指還長，生有黑白兩色的斑點，綠色和黃色的條紋和一圈一圈短毛，牠們的保護色能騙過鳥類，卻逃不過人類的眼睛。在這個季節裡，興奮的人們能夠收穫上千噸的可樂豆木天蠶蛾幼蟲。他們先捏著尾端，用拇指和食指向頭部順著蟲體擠壓，逼出消化一半的葉片黏液，再將毛蟲放進加了鹽的沸水中煮過，在日光下曬乾之後拿到市場和路邊販售。這些加工過的蟲子立即可食，吃起來像有鹹味的馬鈴薯片，也可以與蔬菜同燉。

可樂豆木天蠶蛾乾長久以來深受當地人喜愛。牠們的成分中有百分之六十是蛋白質，也含有脂肪和重要的礦物質，因此在缺乏糧食的時節，是格外營養的重要食物，特別是牠們不需要冷藏，便能保存數個月。然而，自從可樂豆木天蠶蛾幼蟲的聲名開始遠播後，超市和國際貿易的需求日益增加，尤其是南非市場，使得毛蟲數量大幅減少；爲了捕捉位於高枝上的值錢毛蟲，許多比較高的樹也被砍倒，各種實驗性做法和收穫規定遂應運而生。

蝴蝶樹和歐洲黃楊（32頁）都屬於強韌、沉重的木材。

馬達加斯加

旅人蕉
Ravenala madagascariensis

　　馬達加斯加島比法國還大，是自然學家夢寐以求的造訪之處。它和非洲大陸隔絕了一億五千年，和印度分離了九千萬年，島上的人跡歷史僅有數千年，因此物種能夠在獨立的環境中演化。這裡的植物幾乎都是特有的原生種——也就是說，世界上其他地方都找不到的品種——因此許多植物和野生物種之間的關係十分特別。

　　島上的代表性植物是旅人蕉，當地話稱為風西 (*fontsy*)，它的特性優雅荒謬參半，組合起來卻令人讚嘆。它看起來像是水平展開的一把大扇子，巨大的船槳形葉片以不可思議的對稱方式排列，每一片都能達到三公尺（十英尺）長，零點五公尺（一點五英尺）寬。成排規律交疊的葉片會從年輕的樹身底部土壤中長出，但是隨著樹齡增加，樹幹也會變粗，向上伸直，緊密交疊的灰色葉片基部能夠長到十五公尺（五十英尺）長。這個拔地而起的高度，使旅人蕉看來具有超現實感。

　　旅人蕉自成一屬，雖然看似棕櫚，實際上卻是鶴望蘭科。同屬該科的植物還包括來自南非，深受偏好熱帶風情的園丁鍾愛，外型絢麗的天堂鳥。旅人蕉有許多親戚喜歡大張旗鼓地展示紅色和橘色系的花朵，種子也深深吸引對顏色特別敏感的鳥類，甘願為其傳送花粉或散播種子。但是旅人蕉淡黃色的花朵僅僅從聚集在葉叢中央，狀似鵜鶘尖喙，毫無特色的淺綠色苞片中長出。究竟哪種生物具備因應的技巧，並且願意打開這些花苞為其傳送花粉？此時上場的就是有黑白相間環狀毛色的狐猴了。狐猴也是馬達加斯加島的特有原生哺乳動物，臉上永遠帶著一副驚訝的表情，簡直就像兒童繪本裡跳出來的動物，在人類眼中可愛得不得了。狐猴的重要食物是旅人蕉花蜜，為了取得大量花蜜，毛皮沾滿花粉的狐猴會在旅人蕉之間來回穿梭。由於狐猴現今已經成為瀕危絕種的動物，連帶使得野生旅人蕉的前途變得堪慮起來。

　　旅人蕉的果實是長約八公分（三英寸）的木質蒴果，乾燥之後會打開，露出裡面深藏的寶藏：也許是全世界唯一的藍色種子。藍色色澤來自於包覆著種子的假種皮，閃閃發亮有如天青石。之所以演化成這種顏色，是為了方便狐猴看見種子。身為原猴亞目的早期靈長類動物，狐猴具有能夠辨別藍色和綠色的

兩色視力，卻無法看見紅色。牠們也吃種子，有些種子會被完整地排泄出來成為新一代旅人蕉。

　　旅人蕉的名字起源之一，來自它擔任指南針的口碑。據說它的葉叢曲線永遠朝著同一個方向，也許是出於對陽光的反應，但是這個說法很難確切證實（某些馬達加斯加植物學者的非正式投票結果和得自空拍照片的不確定分析結論，顯示出這能成為很有趣的博士論文題目）。第二個將旅人蕉和旅人連結起來的原因是：雨水從彼此交扣的 U 形縫隙流下聚集於樹身中央，儲水量可以多達一公升。雖然儲存槽裡的水帶著怪味，想必充斥著各種蠕蠕而動的蟲子，但是人們基本上可以伸入一根長管，從樹身直接喝水（具有濾水功能的吸管肯定比一般吸管來得安全）。當旅人的嘴唇因缺水而極度乾裂時，旅人蕉的確能救人一命。

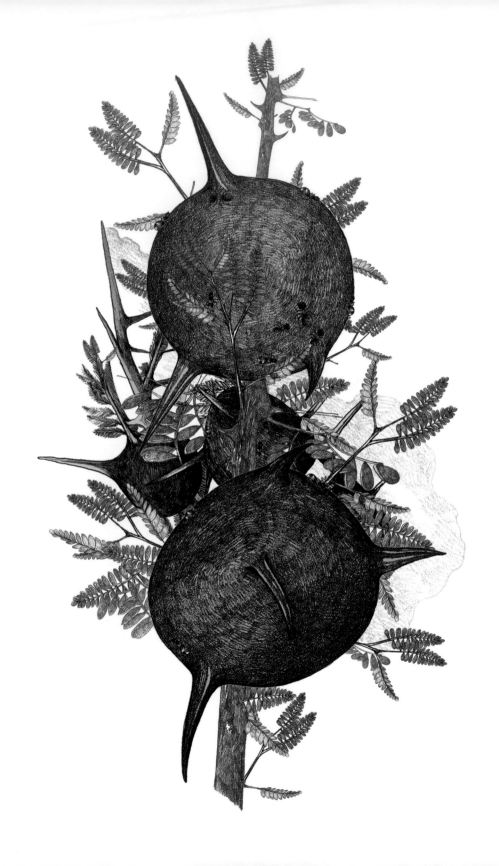

金合歡
Vachellia drepanolobium（又名 *Acacia drepanolobium*）

　　金合歡（又名皂莢樹）在整個東非莽原裡是很常見的植物。遠看，它只是不引人注目、枝葉茂盛的樹，高度大約六公尺（二十英尺）。不過樹身另有玄機：在風大的日子裡，金合歡會製造出刺耳的高頻哨聲；那些格外濃密的葉片，想必在動物眼中是誘人的一餐吧？它的葉叢底部生有直直的白刺，每根都有成年男人的手指那麼長，能逼退部分草食動物，但是長頸鹿靈活的舌頭卻可以繞過這些防禦措施。大象能一腳踩扁尖刺，對昆蟲來說更是不成問題。

　　然而，如果你湊近一點觀察，就會發現許多尖刺都有圓球狀的中空底部：看起來就像核桃大小的人造衛星，剛長出來時是紫色，質地柔軟；隨著時間過去而變黑。這些小球和空洞究竟是做什麼的？敲敲樹身，疑問就能獲得解答：成千上萬隻螞蟻會從每一根尖刺中湧出，準備保衛這棵樹。入侵者會迅速被螞蟻群叮咬。牠們邊奔跑邊釋放具有警示作用的費洛蒙，招來更多同類攜手防禦。就算是體型最大的草食性動物，也會立刻被一嘴的螞蟻給嚇跑，村民們觀察到豢養的山羊假使在試著嚼食某棵樹時被蟻群攻擊，下次便再也不會接近同一棵樹了。

　　這種底部膨大的尖刺叫做 *domatia*，亦即「家」。為了回報預鑄式居所以及順著葉片腺體分泌的樹蜜，螞蟻們願意抵禦來自四面八方的敵人。樹蜜的能量成分很高，但是缺乏蛋白質和脂肪，因此螞蟻必須尋找昆蟲屍體補充食物來源；牠們將在尖刺上吃完的殘渣往樹下丟棄，也能作為樹的肥料。

　　對於螞蟻來說，豐足的食物和舒適的居所顯然是很不錯的生活方式，這也就是為什麼不同的蟻種會彼此爭奪同一棵樹的所有權。如果相鄰兩棵樹上的不同蟻群地盤因為枝條相接而有所重疊，牠們就會開始爭鬥，打輸的那一方便會被趕出棲身之樹。難怪螞蟻們願意不辭勞苦截斷橫向發展的新生枝椏，咬斷外來的藤蔓，將我群和周遭的金合歡樹徹底切斷連接，減少外敵入侵的可能性。

　　有些具有毒性或危險性的物種會展示出牠們的警戒機制：警告潛在掠食者保持距離。近年來，研究人員指出，金合歡尖刺發出的哨音就是一種有聲的警戒機制。如同響尾蛇用聲音警告敵人，金合歡哨音可能也代表危險，甚至阻止在夜晚遭到大象踐踏。

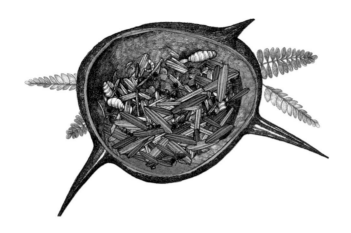

　　矛盾的是，樹身若是偶爾遭到攻擊，卻會長得更健康。它們花費許多精力製造樹蜜，因此假使沒有大型草食動物製造威脅，樹蜜產量就會減少，供螞蟻居住的尖刺數量也會下降。螞蟻的因應之道是餵養替代的食物來源——吸取樹液之後分泌蜜露。但是這種蜜露會吸引趁著防禦工事減弱而入侵的另一個蟻種，開始佔領該樹。新來蟻種抵禦草食動物的手法比較溫和，並且會利用甲蟲在樹身上挖掘出來的洞穴。若少了大型草食動物的威脅，樹就不需要歡迎螞蟻大軍進駐，別的昆蟲便取而代之在樹上展開破壞。樹受了迫害，結出的果實和種子就比較少，表示後代數量也會變少。而如果周遭有大型草食動物，樹就需要借助人量螞蟻的保護，亦即它必須生產更多花蜜，為了生產花蜜，就必須挪用原本用來製造果實和種子的稀少資源……人自然就是一場爭取平衡的生存戲碼。

　　苦楝樹（120 頁）也有一套聰明的自我防禦策略。

索馬利亞

乳香樹
Boswellia sacra

　　阿曼、葉門境內的乾旱地帶，以及索馬利亞北部不宜人居的山區，是幾種關係緊密的乳香樹故鄉。它們的樹形有如顛倒的金字塔，只有幾公尺高，光滑的樹皮薄如紙張，會剝落，葉叢生長在糾纏的枝條頂端。它可以利用膨大如墊子的樹幹底部抓住陡坡上的岩石穩穩地立足，這個特性很適合用來躲避動物。冬天盛開的花很美麗：每一朵都有五片乳白色的花瓣，中央有十根淺色雄蕊，圍繞著會從黃轉為深紅的花心，告知負責授粉的昆蟲：你們在這朵花上的任務已經完成了，到下一朵花上去採蜜吧。當樹受傷時，由樹脂和水溶性樹膠組成的白色或淺黃色乳香汁液，便會順著特殊的導管滲出，勸退白蟻和其他昆蟲。當這種汁液在炭火上加熱之後，會釋出清新的香脂氣味，使乳香木獲得盛名。生產乳香地區的人們將樹皮劃開促使樹液分泌；他們用少量滴泌的樹液清洗口腔，但是絕大部分的樹液用於外銷。對這塊貧困的地區來說，這是最有價值的物資之一。

　　早在西元前兩千五百年，乳香和沒藥（另一種當地生產的樹脂）便已經是阿拉伯南部地區的重要貿易品項，因為古埃及人需要裹覆遺體的樹脂。他們認為具有防腐效果，氣味芳香的乳香是「落入凡間的神祇汗水」。一千五百年前，也許可以說是全世界第一次皇室派遣的植物採集之旅中，埃及女法老赫雀瑟企圖在底比斯河畔種植乳香木，以節省進口開銷。根據神廟牆上雕刻的銘文，她派出五艘各配備三十名槳手的商船，前往「龐特」（據信是非洲之角——東北角）帶回乳香木，沿著上尼羅河岸的卡納克栽種。那些樹顯然無法在埃及茁壯，因為龐特和阿拉伯半島南部始終是乳香樹脂的唯一出處。

　　渴求乳香的並不只有埃及人，在西元前一千年左右，一條香料之路開始建立起來。大批重兵保鑣的駱駝商隊，在策略性安排的碉堡和休息站之間來往。從阿拉伯半島南部和非洲角通向地中海以及美索不達米亞。希臘地理學家斯特拉波將這條道路比喻為行進中的大軍，老普林尼也在西元五十年左右豔羨地形容阿拉伯南部地區的人們是「全世界最富有的種族」。該地區被稱為「愉悅阿拉伯」：意指快樂或富裕的阿拉伯。當乳香被當成禮物獻給耶穌時，它的價值媲美黃金；當時某些掌權階層認為它是地球上最有價值的物資。

　　然而，香料之路終究漸漸失去了它的重要地位。一開始是羅馬水手直接航向乳香產地，然後是在基督教時代揭開序幕之時，降雨量減少使得飢餓的動物們為了覓食，進一步損害原本便已經因為缺水而處於劣勢中的植物（跟現在的植物一樣）。最後，在西元四世紀末，基督教神聖羅馬帝國的統治者禁止異教徒用乳香製作香料獻給一般家戶敬奉的神祇。

　　古法文裡的 *franc encens*（薰香選擇）是乳香的現代英文名稱（frankincense）字源（香水「perfume」這個字則來自 *per fumum*，意為「藉由輕煙」）。幾千年來，巴比倫人、埃及人、猶太人和希臘人都在廟宇中點燃馨香——雖然在當年，「宗教用途」的定義也許比現今更廣。從舊約《雅歌》的字裡行間判斷，乳香顯然被視為催情劑，象徵性的美好。如今，我們只能造訪波斯灣沿岸的國家（乳香在這裡是搶手的高檔口香糖）或是天主教及希臘正教教堂，才能享受濃縮乳香那股令人微醺的香味，而這股汲取自樹皮的香味，已經幻惑人類至少五千年了。

　　歐洲山毛櫸（38 頁）的花朵也利用色彩變化與授粉者溝通。

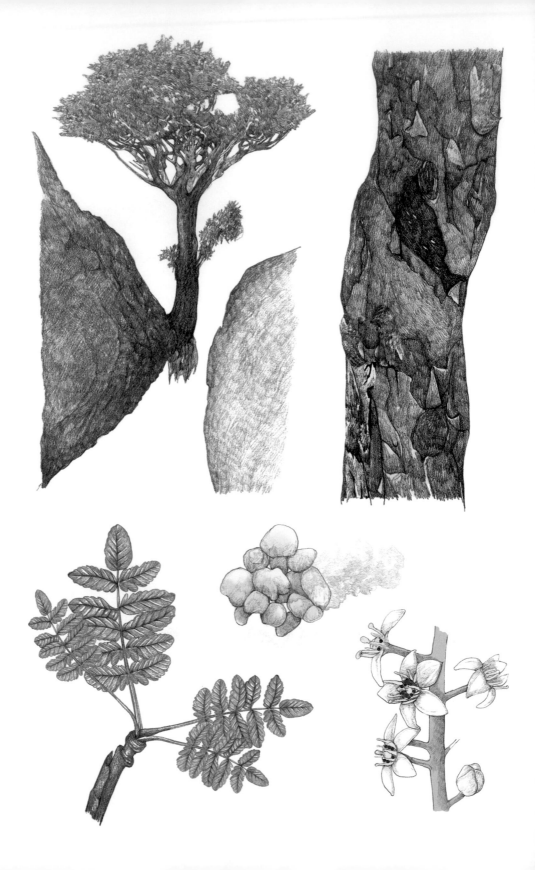

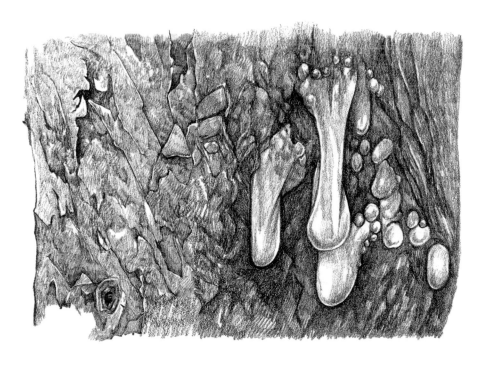

索科特拉龍血樹

Dracaena cinnabari

　　索科特拉龍血樹是非洲之角外海中的索科特拉島上特有的原生種，外型看起來具有詭異的史前風味。它們奇怪的外型像是被風吹到開花的雨傘，幫助它們在遍覆全島大理岩山脈和石灰岩台地上，乾瘠的薄層土壤中存活。此地的降雨量極少，但是偶爾有濃霧，水滴會順著細長、具蠟質、筆直朝天的葉片向下流到枝條上。這些往下斜指的枝條會繼續將水滴引導至樹幹，最終抵達樹根。

　　龍血樹的名字彷彿描述的是來自另一個世界的植物，樹枝受傷後分泌出的透明血紅色樹脂更加強了這個概念。當地區民會將樹皮劃開或扯開原有的纖維裂口，一年之後再回來收集樹脂球珠或硬塊。每棵樹最多大約能夠收穫半公斤的樹脂。將樹脂加熱乾燥後做成小型板材，這種粉質的古怪成品就是龍血樹的重要產出物。十七世紀的歐洲將這種奇特的「龍血」與魔法連結在一起，並且認為它能治癒各種疑難雜症。龍血樹粉被用來調理重症，並且是保證有效的昂貴藥材，添加在愛情神水和口氣芳香劑裡。如今我們知道龍血樹樹脂裡含有抗微生物和抗發炎的元素，仍被當地人拿來作為漱口水，或是對付皮膚疹和各種疼痛。

　　但是為什麼叫作「龍」血？索科特拉島曾是銜接印度、中東和地中海的貿易路線上的重要停靠點，當初可能是因為印度商人將印度教神話和龍血樹樹脂一起送上了商業舞台。其中一則神話中描述了索科特拉島上大象和龍的著名對戰，龍在被大象踩個稀爛之前已經吸飽了大象的血，因此嚥氣時吐出兩種動物的混和血液。西元一世紀時，這個故事透過一本希臘行船手冊的重新演繹而接觸到大量讀者，連老普林尼都曾傳述。兩千多年之後，科學家從希臘文的母龍萃取出科學名「*Dracaena*」，「龍血」之名遂出現在許多不同語言中。今日的索科特拉島上則以阿拉伯文「兩個兄弟的血」來稱呼它，與當初的印度教文化影響相呼應。

　　史特拉第瓦里使用含有龍血樹樹脂的透明漆塗刷小提琴。琴身木材則是挪威雲杉（54頁）。

塞席爾

海椰子
Lodoicea maldivica

　　十七世紀時，歐洲水手們開始報告印度洋裡有某種木質物漂浮著，尺寸和形狀相當於一位豐腴的婦人髖部，甚至還有水手進一步描述出誘人的大腿和勻稱的臉頰。這些木質物其實是生長在海裡的椰子殼，「海椰子」之名由此而來；它們在當時如此罕見，並且被認為具有催情和中和毒質的功能，權貴階級處心積慮地想得到它。當時在東印度洋地區，地位低的平民甚至不能合法擁有海椰子，到了一七五○年間，海椰子的價值高達四百英鎊（等同於今日的七萬英鎊）。十年之後，人們發現海椰子生長在塞席爾島的棕櫚樹上，長久以來受到傳統信仰的尊崇。興奮過度的水手們大肆搜刮島上的森林，將大批海椰子傾銷到市場上，使它們成為中產階級收藏家也買得起的商品。

　　如今海椰子的原生地區只剩下共居住了幾千位居民的兩座島──普拉斯蘭島和鄰近的屈里厄斯島。海椰子能活八百年，長到令人咋舌的三十公尺（一百英尺）高，並且是雌雄異體，亦即植株有雄株和雌株之分，通常成對生長。雄株上陽具狀的花序能長到成人男性的手臂長度，是所有植物裡最巨大的，生有上千朵小黃花。雌株也有所有棕櫚樹裡最大的花朵，具有綠色外殼的龐大果實亦然。海椰子夫婦是一對吸引人的組合，當地人仍然深信不能在夜間造訪海椰子森林，以免打擾了海椰子夫婦做愛做的事。也許居民們只是為了避免受傷：每顆海椰子果實裡包有單顆巨大的種子，是全世界最重的，很容易就能達到三十公斤（六十五磅）。

　　它們又怎麼能長到這麼重？大約七千萬年以前，海椰子祖先的種子就已經很大了，但是仍然能透過高大的動物（也許是恐龍）散布。接著，塞席爾島和印度分離開來，海椰子樹與巨大的動物隔絕兩地。從樹上落下，躺在父母親樹蔭下的種子必須適應新的萌芽方式。然而，富有營養的種子有生長優勢，能夠比其他樹種更快捕捉到陽光。在一座擠滿了同類的森林裡，又缺乏外來競爭者，海椰子必須轉而進行手足之間的競爭。能夠長出最大種子的樹，就能贏得爭搶陽光的比賽，所以種子越長越大。這個現象稱為島嶼巨型化，也同樣影響動物界；島嶼巨型化造成了加拉巴哥島上的巨龜和印尼佛洛勒斯島上的科摩多巨蜥。

　　海椰子的扇型葉片巨大到只需要幾片，便能作爲屋頂材料覆蓋一座房舍。它們能夠引導水分和營養，將隨風飄來的花粉和寄居在樹上，罕見的黑鸚鵡糞便向下導入樹幹，進而進入樹根。這個系統既能支持樹木產出龐大的果實，同時又不需要和別的植物競爭日光、營養和水分。不過海椰子必須確保新生幼苗不會和母株競爭。一顆重量媲美塞滿的行李箱的種子，不但沒有隨風遠颺的機會，周遭更沒有能帶著它遷徙的大型動物；而且和椰子不同的是，它無法在海水保持生機。因此海椰子找到另一個方法。種子掉落六個月之後外殼會腐爛，在種子的「胯部」會伸出一根淺黃色的繩狀小苗，頂端是新生苗的胚芽。這根新生苗會埋入土裡，離母株約十五公分（六英寸）遠，然後水平方向生長，直到距離母株三點五公尺（十二英尺）——這個距離可以確保新苗不會和母株競爭資源。接著，新苗的胚芽會向上生長，向下生根，在接下來幾年之間仍然繼續接受母體種子提供的營養。海椰子也會在地面以下半公尺（一英尺半）之處發展出如瀝水籃狀的根系。也許是用來當作固定底座——對於枝頭上將結出幾百公斤種子的樹來說很有用。

伊朗

石榴
Punica granatum

　　石榴常常出現在文字紀錄裡，包括古埃及、古典希臘時期、舊約、巴比倫猶太法典以及可蘭經。它們豐沛的種子和果汁使人類將其譽爲生育之果。人工種植的石榴祖先生長於幾千年前位於伊朗和印度北部之間的乾旱地區，現今的人工培育品種仍然偏好炎熱的白天和涼爽的夜晚。石榴樹的樹型矮小，五至十二公尺（十六至四十英尺）高的樹身生有許多枝條，深綠色的葉片閃閃發亮。石榴樹的壽命很長，可以活到兩百歲。它的花朵很醒目：外型明顯的花萼圍繞著基部保護每朵花，花朵成漏斗型，帶著皺褶的花瓣熱情地綻放出猩紅和緋紅色。

　　石榴果實的顏色從黃色帶著粉紅色紅暈，到發亮的玫瑰色或甚至褐色都有。它們的表皮堅硬如皮革，確保果實被摘下之後仍長保新鮮；在歷史上，它們被人們作爲長途旅行中解渴醒腦的食物。石榴果內部有海綿狀的乳白色瓣膜，環裹住上千顆種子，每一顆種子外都有多汁的肉質種皮（膨大的種皮），顏色從透明的粉紅色到深紫色都有。厚實的種子粒彼此交扣──非常有效益的食品包裝──內含的汁液極爲甜美，微酸，帶著溫和的澀味。這些優點大大半衡了種子本身的木質口感，對某些人來說，天人交戰之處在於該嚥下還是吐掉種子。

　　新鮮的石榴、果汁以及石榴水果酒從地中海西部到亞洲南部都很常見，但伊朗人可說是衷心擁抱石榴文化。專賣店供應不同品種的石榴果汁；成堆的種子──新鮮、乾燥過或是冷凍的──用來撒在果汁或冰淇淋上，有時伴隨一小把百里香。秋天時，新鮮石榴汁被煮成濃稠的深棕色糖漿，是核桃燉雞（*khoresht fesenjan*）的關鍵食材。當然，德黑蘭還有不可或缺的一年一度石榴節。

　　石榴對人體健康的好處很多。傳統醫學將其用於治療一般腹瀉、痢疾腹瀉、腸胃寄生蟲，據信果實含有的抗氧化物質對人體也有益；但是有些堅稱能夠抗癌抗老化的說法仍有待證明。在吃石榴的時候，我們必須保持注意力，或許的確不該輕忽這個水果爲心理狀態帶來的好處。

哈薩克

野蘋果
Malus sieversii

　　根據 DNA 分析得證，所有我們現在食用的蘋果祖先，都原生於哈薩克東部被森林覆蓋的天山山脈坡地。這些蘋果樹和它們知名的後代擁有同樣的特徵：它們的葉叢型態相似，數量豐富、氣味芬芳、白色或摻著粉紅色的花朵為雌雄同體——同一朵花上具有雌雄兩性——但是因為它們的「自交不親和性」，必須借助其他蘋果樹才能授粉。授粉後，花柄頂端會膨大成為稱作「梨果」的果實，花朵其他部分仍然可見於每顆蘋果底部。然而，這也就是原生蘋果和它們人工培育的後代之間所有的共通點了。雖然野蘋果是單一樹種，樹木的尺寸和形狀卻有極大的差異，許多野蘋果樹長得驚人地高，採摘起來很不方便。偶爾會有適合出現在超級市場裡，大個頭、滋味甜美，帶有罕見蜂蜜香味、茴香子或堅果香味的果實，但是樹上其他的果實多半是個頭小、味道苦澀，有時候這兩種蘋果甚至同出一枝。

　　蘋果也許是在五千到一萬年前於這個地區第一次被馴化，或至少是人工刻意種植而生的。慢慢地，比較受歡迎的蘋果開始沿著絲路向西方運送。在馬匹運送過程中沒受到損傷，或甚至被馬蹄踏進土裡當成肥料的種子便被運送至遠方生根茁壯。騎士們想必為長途旅行打包的都是最美味的蘋果，並將果核沿路丟棄。由此生長出來的蘋果樹雖然出現交叉授粉，但果實仍然詭異地高掛枝頭難以採摘，滋味酸甜不一：從種子生長出來的蘋果樹往往和親株相異，果實也少有同樣滋味。

　　接著大約在西元前一千八百年的美索不達米亞，更能肯定的是在西元前三百年的古典希臘時期，發展出了嫁接技術。將一棵生有甜美果實的樹枝嫁接到另一棵矮樹的根砧木上，使得人們更有可能複製原本僅為大自然控制的美味機關，進而創造出容易採摘的果樹。這就是所有現代蘋果樹的繁殖方法。

　　數世紀以來，蘋果依據風味和大小不斷被複製，創造出上百種各色各樣的品種。令人遺憾的是，全球化的農業只著眼於十幾種可食用的品種，以及十種複製根砧木。透過近親繁殖和授粉，蘋果的基因多樣性緩慢地，但是無疑地不斷減少中。這個現象的問題在於，未來當我們需要新的植物特徵時——比如不需要倚賴昂貴或不當的殺蟲劑就能抗病的特徵、新的風味、更長的保存期、較

晚的成熟期、易於收成、耐旱，或各種各樣的特徵——能夠符合這些需求的基因也許已經不在了。這就是為什麼現代蘋果的野生親戚如此重要：中亞山坡上那些果樹裡有已經流失的基因資訊，我們必須藉著它們重新繁殖、重新交叉育種。中亞的野蘋果數量如今很稀少了，即使它們的種子已經被收集儲存在種子銀行裡，肇因於生長面積縮減和基因稀釋（與外來商業化品種交叉授粉的結果），它們仍然處於瀕危狀態。

蘋果具有文化和宗教意涵；聖經裡，夏娃從知善惡樹上採下食用的果子原本可以是任何一種水果：葡萄、石榴、無花果，甚至檸檬，但是那顆果實通常是蘋果。天山僅存的森林裡還蓬勃生長著其他蘋果的祖先（以及杏桃、堅果、李子、桃子的祖先），雖說該森林具有極高的商業價值，但是它們也應被視為某種伊甸園——呵護著無價的基因訊息——具有被人類保護的權利。

白桑（128 頁）和絲路也有很密切的關聯。

西伯利亞

西伯利亞落葉松
Larix gmelinii 以及 *Larix sibirica*

　　地球上最大的林區是北方的針葉林區，使熱帶雨林相形見絀，大約佔了地球三分之一的森林覆蓋面積。它將北極圈包圍起來，橫越阿拉斯加和加拿大北部，幾乎覆蓋了七百八十萬平方公里（三百萬平方英里）的西伯利亞，當地稱之爲針葉林地帶。大量的碳被鎖定在這一區，它的有機生物質高到全世界的二氧化碳和氧氣量都隨著此地的季節而起伏變化，這裡是落葉松的國度。

　　巨大的葉尼塞河從蒙古蜿蜒三千兩百公里（兩千英里）抵達北極，將西伯利亞一分爲二。西側一路到芬蘭生長著西伯利亞落葉松（*Larix sibirica*），是地表景觀的主角。東側往堪察加半島，幾乎到西伯利亞的邊緣，主導者是西伯利亞落葉松的近親，興安落葉松（*Larix gmelinii*）。這兩個樹種非常類似，差別僅在於它們的生長地區，但是也可以從它們直立於枝幹上，泛紅的毬果分辨出來：西伯利亞落葉松的毬果上有柔軟的毛，興安落葉松的毬果鱗片微微向外彎曲。落葉松的松針質軟而細，十幾根群聚於水平方向伸展的枝幹上。年輕落葉松的外表皮是銀灰色，隨著年齡增加轉變爲紅棕色，厚度也會增加，出現溝紋；韌皮部是美麗的鮮褐色。

　　西伯利亞出奇地不適人居。一年之中的溫差可以高達攝氏一百度（華氏一八五度）。這些針葉樹可以在西伯利亞南部長到三十公尺（一百英尺）甚至更高，但是接近北極圈的針葉樹出於環境條件限制，只能長到五公尺（十六英尺）。當地的春天通常很短，接下來僅有兩個或三個月不會降霜，溫度可以達到攝氏三十度（大約華氏一百度）。冬天嚴寒。在某些地區，十二月到三月的月平均溫度是攝氏零下四十度（華氏零下四十度），寒冷的夜晚可能驟降到攝氏零下六十五度（華氏零下八十五度）。永凍層——永遠不會解凍，無法穿越的地層——很常見，在地表之下不遠。說也奇怪，興安落葉松這種世界上最耐寒，生長地區最北的樹種，硬是有辦法在廣大的針葉林區上欣欣向榮，勝過其他任何樹種。

　　西伯利亞的落葉松爲了適應寒冷的氣候和稀少的水源演化出幾項特點。如同其他高緯度的針葉樹，它們又窄又長的錐狀外型能夠使降雪順勢滑落，避免對枝幹造成損傷。針狀葉的面積很小，用於減少水分蒸散，蠟質表面又能防止

脫水。蠟質微粒的體積小到足夠分散波長最短的日光，給樹身添加藍色色澤。對針葉樹來說很不尋常的是，落葉松會落葉；它們在炎熱的夏天轉為醒目的金黃色，落下松針，將水分散失程度減到最低。到了秋天，它們會調整防凍的生物化學機制，比如在厚實的樹皮和木質部中建立起松脂；並以糖分取代體內會凍結細胞進而使其破裂的水分。如果興安落葉松的主根碰到永凍層，便會死亡。該樹其餘的歲月裡都會向外面並未完全凍結的表土發展出淺根系維生。

據說十九世紀的俄國人會用西伯利亞落葉松的樹皮製作細緻的手套，能夠媲美羚羊皮手套，並認為在夏天戴這種手套更為堅韌、涼爽、舒適。落葉松的木材如今被廣泛用於搭蓋建築物、覆蓋板材、造船和表面裝飾，也是造紙原料之一。芬蘭和瑞典都有大面積人工種植的落葉松林地，比到西伯利亞東北部的林地砍伐來得容易多了。

奇怪的是，西伯利亞落葉松和興安落葉松如此適應極端的氣候，卻無法承受氣候暖化。在西歐，提早來臨的春天使植株誤以為到了萌芽的季節，因此容易受到凍害。看樣子落葉松能應付各種狀況，卻難以面對不穩定的未來。

印度，果阿邦

腰果
Anacardium occidentale

　　腰果源自於巴西。當地原住民種植了數百年之後，前來殖民的葡萄牙理解到腰果的經濟價值，並在十七世紀時將腰果廣泛傳播至葡萄牙帝國領土內。腰果便是如此抵達東非莫三比克和印度西海岸的果阿邦。

　　腰果是常綠樹木，繁茂的枝條向外延伸，葉片具革質。它能夠生長到十五公尺（五十英尺）高，但是也能培育出便於農民收成的矮種。腰果樹會長出果柄，或稱「假果」，膨大成果實狀。（「眞果」由花朵裡包住胚珠的子房發展而成。）「假果」尺寸大約相當於小型西洋梨，可以食用，但是稍具澀味（圖皮印第安人稱之為「*acajú*」，意謂「使人呲嘴的」）。「假果」能吸引動物幫助其散播種子，只不過它裡面並沒有種子。反之，包住種子的結構耐人尋味地吊掛在「假果」外，像只迷你拳擊手套。拳擊手套藏有的玄機可是能給人重重一擊：這顆果實有兩層結構，包含了駭人的苛性油，能造成由強心酚和檟如子酸引起一觸即發的水泡和腫脹。這兩種毒質反應類似毒常春藤引起的徵狀，兩者同屬於一個家族。油質能保護腰果，使它在快速掉落之後仍不會被食用，而掉落後離親株的距離夠遠，不會造成競爭。

　　人類的食用過程是，將其蒸熟打開（即使是「生」腰果，也都必須先烹熟），經過烘烤逼出殘留的有毒油質。我不禁納悶，當初圖皮人和阿拉瓦克人究竟是出於福至心靈還是飢餓難耐，才會身先士卒發現腰果其實是很棒的食物。當初的嘗試過程想必很痛苦。果阿邦居民會利用腰果的假果蒸餾出效果驚人的「芬尼」酒，但是若將此酒和保護腰果的腐蝕性毒油相較，破壞力仍然不可同日而語。

　　巴西紅木（182 頁）也和葡萄牙有很深的淵源。

114

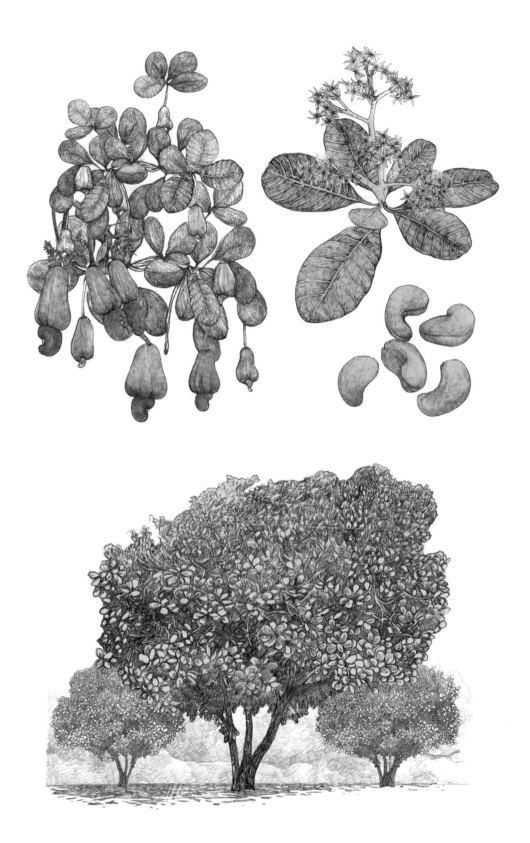

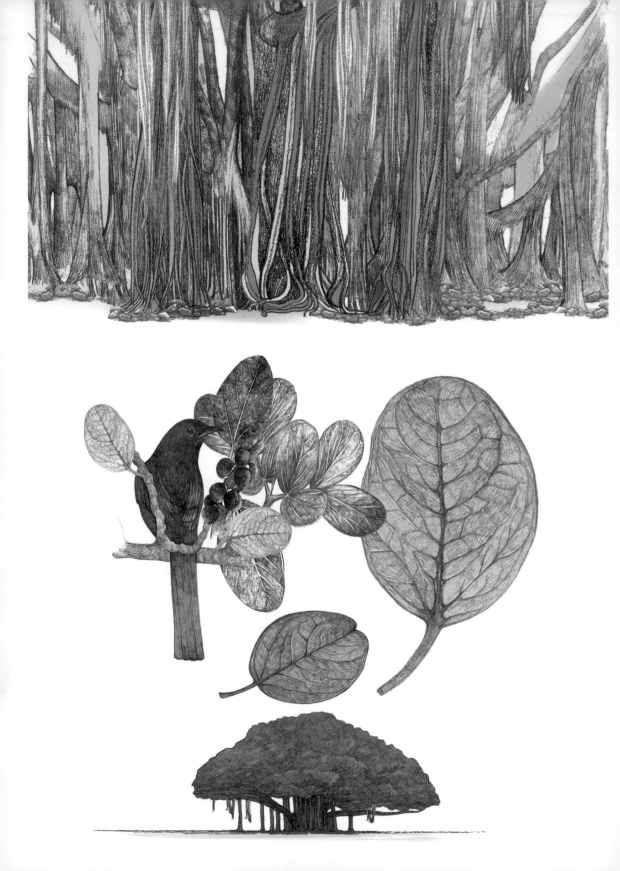

印度

孟加拉榕
Ficus benghalensis

　　如同它的生物學手足（以及象徵性的雄性伴侶）菩提樹（122頁），孟加拉榕是印度次大陸的原生植物，在廟宇中甚受崇敬，也是村落的集會場所——但是這個樹種具有地球上最大的樹冠。它的命名來自*banians*，通稱將貨品攤位擺設於同一棵大樹樹蔭下的商人們。

　　這種參天大樹的生命可以始於種子被鳥、蝙蝠或是猴子等動物，隨著排泄物散布至另一種樹潮濕的樹身縫隙當中。它一剛開始是寄生植物，將落腳的樹作爲支撐，從周遭環境裡汲取養分和水分。小小的樹苗會很快地在土裡扎下細細的根，並開始供應樹身生長所需。樹身快速地伸展，很快就能包住寄主的樹幹，兩者融爲一體，稱爲「網結現象」，形成厚實光滑的灰色網。最後，受到束縛的寄主會因爲缺乏營養而死亡，留下孟加拉榕怵目的氣根形成的束縛衣，曾經生氣勃勃，而今已經死亡的寄主樹所在之處只剩下空無。十八和十九世紀的探險家們如此記錄：「扼人榕」（孟加拉榕只是其中的一種）正代表了東方在飢渴的西方人眼中，那種深具異國風情、具有危險性、又被美化了的特質。

　　成熟的孟加拉榕有如簾幕般的細長氣根懸掛在枝幹上。一旦接觸到土壤，有些氣根會開始生長形成粗壯的支柱根，爲上方還在生長的枝幹供應養分，提供支撐。如此一來，孟加拉榕就能橫向發展，而不是向上生長，覆蓋廣大的區域。目前的紀錄保持者是位於阿南塔普和加爾各答的兩株孟加拉榕，各自覆蓋超過一點八公頃（四點五英畝）的土地，有數千根支柱根，外圍超過零點八公里（零點五英里）。

　　吉貝木棉（80頁）也是傳統的集會地點。

印度

檳榔
Areca catechu

　　對一棵能長到三十公尺（一百英尺）高的樹來說，檳榔樹看起來細得難以置信；樹幹上的橫紋是主要特徵──落葉之後留下的痕跡──使它看起來就像一座由小碟子堆起來的塔。深橘色的果實纍纍，每一顆裡都有有如大型肉荳蔻的種子，布滿大理石花紋。就是因為這些「果實」──以及它們含有的毒性──使人們開闢耕地大量種植，從印度越過熱帶亞洲，再到斐濟。全世界的檳榔產量高於一百萬噸；印度便生產並消耗了其中的三分之二。

　　檳榔果的味道令人聯想到檸檬草和丁香，並且有些微的石炭消毒水味，豐富的單寧帶來使人咂嘴的澀味，是最後的餘韻。然而口味倒是其次。檳榔含有檳榔鹼和其他鹼性物質，在嚼食過程中能輕易透過口腔黏膜被人體吸收。它能帶來輕微的陶醉感，提高注意力，使人體感到溫暖而放鬆。在亞洲，每天有幾千萬人嚼食檳榔，多半是作為社交零嘴、對付餐後精神不濟、習慣性嚼食，比較令人擔憂的則是長途貨運司機也常嚼食檳榔提神。

　　路邊的小攤販通常是檳榔販售之處，在印度稱這些小攤販為 *paanwallahs*。他們將檳榔削片之後，包在心型的蔞葉（*Piper betle*）葉片裡，加上一撮熟石灰（從灰裡萃取，能使混和物變鹼性，幫助釋放藥性）。檳榔小販坐在數個托盤後方，上面盛裝了形狀有趣、裝著配料的瓶罐，還會熱心地建議不同的口味，比如小荳蔻、肉桂、樟腦或菸草，伴隨著友善的對話。一顆或「一口」包好的檳榔在嚼食過程中會變成鮮紅色，並且會刺激唾液分泌。嚼食者並不嚥下唾液，而是將其吐掉。這樣一來雖然口腔裡感覺異常清爽，但是人行道上卻彷如血跡斑斑：嚼食檳榔永遠得是一項戶外活動。在口紅未發明之前，檳榔曾被用來將嘴唇染成誘人的紅色，但是嚼食也會使牙齒色澤變深，進而變黑。人的品味是會改變的：十九世紀時的暹羅人（現在的泰國）深愛變黑的牙齒，甚至還故意製造出黑色的假牙。雖然檳榔的食用量在印度仍然不斷增加，在別的國家卻有減少的趨勢，部分原因是因為各種相關的癌症，另一部分原因（說也諷刺）是因為它被行銷方式更強勢的香菸取代了。

印度
印度苦楝樹
Azadirachta indica

　　總數高達幾百萬棵的苦楝樹是印度鄉間常見的風景。這些美麗高大的常綠樹木帶來舒適的樹蔭，能在乾旱甚至貧瘠的土地上欣欣向榮。苦楝樹會長出小型白色、具有蜂蜜香味的花朵，能夠吸引蜜蜂；果實黃綠色，狀似橄欖，可以榨出味道極苦，用於傳統醫學和民間療法的油。在傳統家庭治療法中，苦楝油幾乎被用於療任何一種病症，這種萬靈丹印象媲美猶太人之於雞湯，和東南亞人之於萬金油。上百萬名印度人堅稱咀嚼苦楝樹枝，能夠取代使用牙刷。它的葉片具有明顯的鋸齒狀，帶葉的苦楝樹枝高掛在樸實的印度村舍進門處，用來保護住在裡面的人家。

　　所有的現象都令我們疑惑：苦楝樹的盛名究竟有多少是基於毫無根據的迷信，又有多少受到科學佐證。現代科學分析指出，苦楝油萃取物含有媲美什錦拼盤的多種抗微生物元素，許多人們宣稱的療效都是有其根據的。但是苦楝最大的優點，以及通過同儕評鑑的科學證據，在於它改變昆蟲習性的能力。

　　當昆蟲一見到樹木時，肯定會先想到「食物」。由於樹木無法逃走或躲藏，便發展出許多避免被啃光的防禦機制，苦楝樹的防禦機制可說是無懈可擊。它的葉片、樹皮，特別是油，含有一整套生化驅蟲成分以及類似類固醇的元素，能夠深深影響企圖攻擊樹身的昆蟲生命週期。巧妙的是，這些化學元素並不存在於苦楝樹花朵或花蜜之中，所以蜜蜂和其他有益的授粉者幾乎不受影響。

　　苦楝樹萃取物頂尖的驅蟲能力使得昆蟲不願下口，施用在農作物上之後，就連蝗蟲群都自動另尋目標。許多昆蟲種類寧願餓死也不願意服用這套化學元素調製而成的雞尾酒，因為它能干擾生存行為，諸如變態和更重要的進食行為。對許多飛行昆蟲來說，苦楝樹萃取物是完美的驅避劑，比如蚊子；而且即使是十比一百萬的稀釋濃度也具有驅避效果。因此，那些在鄉間家戶門口翻飛的苦楝樹葉，也許真有其保護效力。

　　苦楝樹萃取物對生態系統的損害並不如化學殺蟲劑那麼大，或許是因為它在陽光之下，於施用幾星期之後就能透過生物分解而消失。它和其他殺蟲劑另一個不同之處，在於其他殺蟲劑是利用單一毒性發作造成立即性致命。苦楝樹含有多種化學物質組合，能夠隨機干擾昆蟲各生命階段中的不同面向，使昆蟲

難以藉著演化產生抗藥性。雖然苦楝對魚類有害，卻不會傷害如人類的溫血動物。人類會利用果實，將油用於化妝品和乳霜的歷史已經有數千年了；它在北美洲和其他地區都被登記核准為驅蟲劑，甚至能噴灑在孩童床上防治臭蟲。

在印度，苦楝樹能成功地種植在棉花之間；在西非則種在蔬菜園裡。然而，雖然苦楝的防蟲效果很好，安全、便宜、環保，又能生物分解（出於對其驅蟲劑的需求，還能幫助提高對環境有益的植樹率），最使人費解的問題應該是：為何它並未在全世界廣泛使用？答案和經濟的關聯遠大於科學。苦楝長久以來有其傳統用途，因此營利事業難以將其產品透過專利規範。既然無法利用專利保護同業競爭，這些企業便失去了為苦楝樹產品付出大筆政府規費、做廣告甚至花錢行銷的動機。農化公司能從販賣有專利的化學藥劑獲取更多利潤，雖然許多化學產品的效果比苦楝油差，或更具傷害力。自由貿易市場的運作方式並不總是正確的。

印度
菩提樹
Ficus religiosa

　　菩提樹的原生地區從巴基斯坦延伸至緬甸,在自然環境和文化上都深植於中印度和北印度的土地裡。它出現在數不清的小說和電影畫面之中,對佛教徒、印度教徒、耆那教徒都具有神聖的意義,因此每一座村落裡幾乎都見得到菩提樹,每株菩提樹腳下幾乎都有神龕。帶著詩意的「造訪菩提樹」是祈禱的委婉說法。

　　據報導,菩提樹可以活數千年,生長速度很快。年輕時,它的樹皮光滑,多半帶著淡淡的水平線條;但是年齡增加之後就會片狀脫落,出現深溝和凹槽。它的氣根在樹身外向下生長,為主幹提供支撐和穩定性,提供其他植物和生物棲身之所。菩提樹是落葉喬木,在冬季間會落葉。四月時長出生氣勃勃、鮮紅色、紅銅色或粉紅色的新芽——這個特徵可見於許多樹種。昆蟲和其他草食生物喜歡吃嫩葉,因此在樹葉茁壯之前,許多樹種並不會將寶貴的葉綠素消耗在嫩葉上。因為缺乏葉綠素,初生的葉片營養價值相形較低,便比較不可能被吃掉;長出紅色系葉片雖然也需要使用養分,昆蟲卻不易看見——進一步減少被吃光的機會。菩提葉片成熟之後表面會變綠而且富光澤,淺色的背面卻不反光,具有鮮明的黃綠色葉脈,逆著明亮的陽光時看起來十分耀眼。葉片長成後大約如手掌般大小,幾乎呈三角形或心形。在每片葉子的頂端都有明顯的尖尾,能夠促使雨水迅速流下,避免具腐蝕性的礦物質或吸收陽光的水滴滯留。到了夜晚,葉片上有如皮質的質感和修長具彈性的葉柄,能在最細微的氣流運動中互相摩擦推擠,發出菩提樹特有的詭異耳語聲。

　　據信在西元前六世紀末,釋迦牟尼於菩提樹下坐禪悟道。如今在印度東北部比哈爾邦的菩提迦耶——「悟道之處」——樹下,建有一座巨大的寺廟作為重要地標。一株聖樹「摩訶菩提」矗立於此,是斯里蘭卡阿努拉德勒普市的聖菩提樹後代。而該聖菩提樹又是取自當初那棵佛陀於其下悟道的原始菩提迦耶樹,在西元前二八八年培育而生。

　　印度教信仰三位主神:梵天、濕婆、毗濕奴,全都與菩提樹有密切的關聯。而吉祥天女能夠保佑生育和女性的福氣,因此印度婦女們會在星期六以線環繞樹身祈求賜福。當菩提樹和苦楝樹的枝幹恰巧糾纏在一起時,兩者的合體

被視為格外吉祥的現象。人們會為兩棵樹舉行象徵性的婚禮，如果原本樹下沒有神龕，人們也會立刻打造一座嶄新的。

全於菩提樹的果子和其他榕屬（又名無花果屬）植物一樣，都屬於「隱頭果」，肉質的花托內有成千上萬的小花，經由榕果小蜂（又稱無花果小蜂）授粉。這些果實幾乎呈圓球型，直接生長在枝幹上，沒有果柄，從綠色的生果慢慢轉成紫色，最後成為黑色。它們的尺寸類似櫻桃，唯有在飢饉時人類才會食用，卻深受椋鳥和蝙蝠的青睞。牠們將菩提樹種子散播於其他樹木潮濕的縫隙裡或牆頭裂縫。對於虔誠或迷信的人來說，當面對潛在威脅必須拔掉菩提樹幼苗時，意味著眼前的重要抉擇：根據傳統，「砍倒一棵菩提樹比殺死一位聖人還來得罪孽深重。」但願世界上更多樹種能夠受到這種禁忌的庇佑。

響葉楊（210頁）的葉柄也是扁平的，使得葉片閃爍不定。

中國

野花椒
Zanthoxylum simulans

　　雖然名字裡面有「椒」字，野花椒和辣椒、甜椒或甚至供應我們黑胡椒的開花藤蔓卻毫無瓜葛。野花椒是另一種香料，能對人體造成獨特的效果。

　　矮小的野花椒生長在中國中部及北部的山丘林地中，樹皮表面布滿皮刺。在樹幹和較粗的枝幹上，這些皮刺會木質化，使其看起來有如爬蟲類，進而在北美洲得到「刺人梣」的通名。在夏天，樹身披覆上一層細小的白色花朵，與深綠色的亮面複葉形成對比。接下來結出的果實狀似莓果，形圓、多疙瘩、質地乾燥，最後會變紅，單邊裂開之後釋放出裡面富亮澤的黑色種子。包裹種子的皮含有叫做山椒精油（sanshoöls）的化學物質，能給感官帶來特殊的刺激效果。

　　薄荷在嘴裡的感覺是涼的，雖然實際上它的溫度並不冰涼。辣椒不須經過溫度變化，便能騙我們以為接收到熱度。這些都是名為「感覺錯亂」的神經混淆現象。比較不為人知的是（至少是在喜愛用花椒烹飪的中國、西藏、尼泊爾、不丹之外的地區），嘴巴也可以被騙得以為自己感覺到震動。根據一群超級有耐性的志願研究對象，在接觸到花椒的一分鐘之內，他們覺得嘴唇和舌頭每秒大約震動了五十次。有些人表示感覺就像用舌頭舔九伏特的電池（嘿，我們都幹過這種蠢事吧）。強烈的顫動之後是大量唾液和麻痺感，歷時雖短卻令人感到奇怪地舒暢，能讓第一次嘗試的人不自覺地滴下口水。野花椒的近親被美洲印第安人用來蓋過牙疼。有一支名稱美妙的科學派系叫做「震顫心理物理學」，正致力研究山椒精油在了解以及控制疼痛方面扮演的嚴肅角色。

　　野花椒為何發展出製造山椒精油？其原因不得而知。近來的實驗顯示，這些化學物質能夠保護稻苗，避免受到除草劑帶來的損傷，因此對野花椒樹來說，山椒精油是某種防禦機制。同時，對說中文的人來，野花椒帶來的麻痺感能夠簡潔地用單音節字來清楚地表示：辣（la）(譯註：原文應改為 ma 麻)。

中國東部

白桑
Morus alba

　　世界上共有兩種分布廣泛而且關聯性很高的桑樹。兩種都是中等尺寸，具有美觀宜人、多節的樹幹。「黑桑」有粗糙的心形葉片，「白桑」的葉片平滑，它們其中之一改變了世界的歷史。

　　黑桑（*Morus nigra*）原生於亞洲西南部，藉由培育和鳥類散播種子在歐洲分布開來。它的桑葚果實酸甜適中，但是果漿不易清理，能將所有濺上的東西染色。黑桑葚很少在市面上販賣，因為太容易受損傷——如莎士比亞描述的「它們極難掌握」。

　　來自中國東部的白桑生有乳白色或淺紫色的桑葚，雖有甜味但是略嫌平淡。然而，它的葉片是蠶的最佳食物來源。早在四千五百年之前，中國藉由養殖野生蠶蛾（*Bombyx mandarina*），發展出養蠶業，製造絲織品。他們繁殖馴化野生蠶蛾的程度之深，使得另一個完全仰賴人類的品種家蠶（*B. mori*）應運而生。這種蠶蛾甚至無法自行飛行尋找交配對象。蠶大口嚼食淺盤上的桑葉，吐出用唾液形成的蛋白質細絲，僅有一公釐的百分之一粗，長約零點八公里（半英里）。蠶絲看起來閃閃發亮，因其三角形的切面使得平面能夠反射和折射日光。這些纖維會透過捲捻形成絲線。

　　對古代那些只碰過粗糙的羊毛或麻布的人，絲布的觸感該有多光滑順手啊！這些耀眼華麗的布料在兩千年前的漢朝如此搶手，甚至帶起整個運輸和貿易系統的建立及運作。絲路成為旱路和海路交織的網絡，首先通往中亞，接著又將韓國和日本與印度、阿拉伯以及歐洲連接起來。它運送了貨物和創新的想法，對沿途的人類文化提供經濟和智識上的發展。

　　幾百年間，中國人嚴加保護蠶絲業的祕密，不讓外來政權的產業間諜一窺堂奧。為了確保壟斷，甚至將企圖偷渡蠶或桑樹種子的人民處以死刑。雖說如此，全世界絕大部分的絲仍來自中國，蠶蛾、白桑葉、蠶繭、蠶絲，共同紡出了穩固的絲織業。

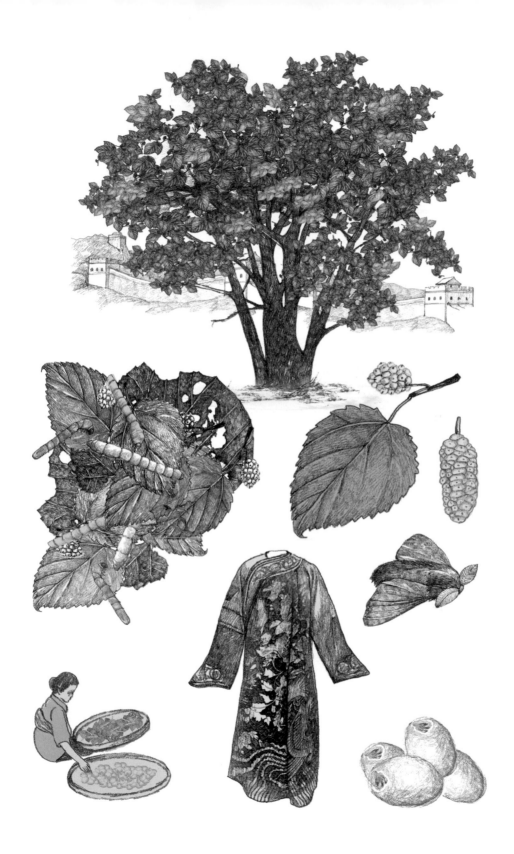

漆樹
Toxicodendron vernicifluum

　　漆樹的樹脂提供我們製作精美手工藝的媒材，卻有一段令人不安的歷史。它能長到二十公尺（大約七十英尺）高，樹幹筆直，樹冠優美地具對稱型態。它在海拔三千公尺（一萬英尺）的山丘和高山森林裡長得最茂盛。漆樹的樹葉是大型複葉，背面生有絨毛，豌豆大小的果實顯得皺巴巴的；樹齡增加後雖然不難看，但也不太優雅，六十幾歲的漆樹光禿禿的，說不上是棵美麗的樹。

　　漆樹原生於中國中部，約於五千年前傳入日本。日本持續不斷改進漆器技術，將其打造成高級藝術，特別是在十七世紀期間。由於漆器工藝演變爲極具價值的產業，所以直到一八六八年的明治維新時期，每一株用來收集漆液的漆樹都必須登錄在案。損傷漆樹或過於頻繁採漆者將會導致懲罰，若要移除一棵死亡的漆樹，其擁有者還必須政府單位申請許可。如今日本又回過頭來自中國進口生漆液。

　　製漆過程從仲夏開始，漆樹的樹皮會被劃出數道平行的傷口促使樹脂流出。一棵樹每年只收集少量高價的泥狀黃色樹脂，大約零點二五公升，如此持續三四年，接著便是該株漆樹的休養期。漆液在過濾之後經過加熱，加入磨碎的礦物粉末染色，比如猩紅色的硃砂、黑色的炭粉或金屬粉末，然後不辭勞苦地塗緊於木器、竹器或紙漿製作的內胎上，一層又一層，塗上新的一層之前都要先打磨乾燥。矛盾的是，漆器需要在潮濕的環境裡「乾燥」硬化──漆會在空氣中進行聚合作用，形成透明、堅硬、具防水性的表面。在現代塑膠還沒出現之前的時代，漆器幾可說是來自另一個世界的材料，而某些極精密的技術和添加物成分，直到如今仍被嚴格保密。

　　特別的漆器需要上十幾層漆，耗時數個月。金箔或糯米紙常常被用於製作細膩的花紋，許多漆器成品──樂器、屏風、首飾、置物盒和碗──都是精美絕倫的藝術作品。

　　然而如同漆樹的拉丁文學名，它也有不怎麼美麗的一面。漆樹樹脂裡有一種叫做漆酚的油質（漆酚〔urushiol〕，來自日文亮光漆〔*urushi*〕），是格外棘手的化學物質，深爲北美居民所知並且懼怕，因爲漆樹的近親毒漆藤也含有同樣物質。西元五世紀時，中國學者便已記錄了漆樹農民和其他製漆相關工作者的

職業性皮膚病。漆酚液會引起嚴重的皮膚疹，就連其蒸汽也會使吸入者發癢，歷時可長達數月。然而一旦器物上的漆硬化後就可以安全使用，甚至能夠盛裝食物。

漆樹最令人毛骨悚然的應用歷史，當屬日本北部較爲晦暗的佛教派別，其苦修僧侶爲了成爲肉身得道的即身佛採取的特殊修行方式。準備過程總共需要數年，剛開始是減少進食量，特別專注於種子、堅果、植物根類和樹皮的攝取。出於使肉身轉化爲「不壞之身」的意念，僧侶們藉著飲用漆樹樹脂沖泡的漆酚茶，慢慢地使身體防腐，或木乃伊化。在他們變成駭人的脫水狀態，漸漸死亡的過程中，身體卻產生抗腐蝕性，毒性之高就連蛆都不願接近。他們的墓會在圓寂三年之後被打開，凡是肉身未分解的僧侶都會被視爲達到了佛界。直到十九世紀末，這種修行方式才因爲被視爲協助自殺而不爲法律容許。至今，幾所日本寺廟仍然公開展示保存良好卻令人望之怵目，據稱是自行木乃伊化的僧侶肉身。

類似漆酚的化學物質也包裹著腰果果實（114 頁）。

日本

染井吉野櫻
Prunus x *yedoensis*

　　對日本人來說，沒有比別稱櫻花的觀賞用櫻桃樹更具代表意義的樹了。日本有數百個各具特色的原生種和雜交種，花色從白色到深紅不一而足，但是最受歡迎的就是五瓣吉野櫻。它是葉叢密集的落葉喬木，綻放出幾乎純白的花朵，近花柄處略微帶著極淺的粉紅色。花朵在新葉尚未萌生的春天開放，滿樹白花使人目眩。櫻花華麗無比的花期很短，大約不到一星期，更吸引人們抓緊時間欣賞它的美，正如佛教所闡揚的珍惜當下的概念。櫻花代表著「物哀觀」，是日本人共有的心理特質。

　　在櫻花樹下愉快地賞櫻野餐稱為「花見」，是可以追溯到一千年前的傳統。源於上層社會的花見宴會在十七到十九世紀的江戶時代開始舉行，到了現代，可以說已經成為全民運動。在東京的皇居，僅僅在三月底的幾天之內，浩蕩的護城河中會點綴著許多划著小舟的遊人，在漂浮於河面上的落櫻花瓣間留下深綠色的波痕。花見季節中，市區內的公園會充斥攜家帶眷的賞櫻人，學童們和上班族都期待參與這項浩大的社交活動。媒體會每天報導追蹤全國花開狀態「櫻前線」（櫻花開放預測），日本櫻花祭的詳細紀錄數百年來被用於統計氣候變遷的證據。

　　一旦你開始留意，就會發現日本處處有櫻花：在絕大多數的學校和公家單位建築外、在寺廟和河岸邊。日本人不光是為了美麗的櫻花而種植櫻樹，也是為了文化、宗教信仰甚至政治意義；它出現在和服和文具上、陶器、郵票、硬幣甚至是人體──櫻花是傳統日式紋身（入れ墨）最常見的圖案。吉野櫻和日本人的身分認同密不可分，甚至被當作日本民族主義支持者號召同志的符號。首批神風特攻隊之下就曾有一支稱為「山櫻」的小隊。日本武士被拿來和櫻花相比──生命短暫卻燦爛。

三葉橡膠樹

Havea brasiliensis

　　熱帶雨林裡通常看似一片混亂，在每公頃的面積上，許多物種只有幾位出場作代表，這種隔離方式能夠使蟲害保持平衡。由於周遭能夠交配的同類數量很少，若要成功交叉授粉，便需要仰賴同一種樹的所有植株同時開花：它們需要一本共用的月曆。在赤道，日照時間的長短變化很小，樹木不能以其作為指標。三葉橡膠樹遂轉而回應春分或秋分前後的日光強度。它們會在同一時間開花，長出一團一團氣味濃烈的黃色鐘形花朵，蠓和薊馬於其間忙碌地穿梭飛舞。分成三瓣的果實會在成熟之後爆開，將大型種子向外散播，藉著鄰近的水道抵達別處落地生根（如果它們堅硬的外殼沒被食人魚先一步咬開）。

　　許多熱帶樹種會製造含膠的乳狀汁液，但是原生於巴西和玻利維亞亞馬遜河和奧里諾科河河谷的三葉橡膠樹最為知名。它原本被稱為彈性橡皮樹（*caoutchouc*），字源為原住民語中的 *cauchu*，意指「流淚的樹」，隸屬於大戟科。它的乳膠其實是百分之五十的微粒聚合物懸浮於百分之五十的水分中，儲存在樹皮的乳膠導管裡，隨時準備滲出凝固以封住傷口。事實上，當採膠人在樹皮上劃出之字形傷口準備採集橡膠時，會在樹皮傷口敷上抗凝固的化學物質。

　　在西元一五三一年，阿茲特克人曾經在西班牙宮廷裡造成一股騷動，起因是在那之前無人知曉、會彈跳的橡皮球（事實上是從另一種植物裡採集而來的樹膠）。他們以橡皮球示範最原始形式的籃球運動。到了一七七○年間，英國人開始使用凝結成塊的橡膠擦除鉛筆痕跡（擦除動作 rubbing 也就成為橡膠樹的英文名稱 rubber 起源）。在倫敦，一小塊「印度橡膠」要價三先令——在當時是不小的投資。上亞馬遜河谷裡的部落使用橡膠製鞋的歷史已有數百年，他們還用橡膠作為防水物質，遠遠早過一八二○年間蘇格蘭人查爾斯·麥金塔將熔解的橡膠與布料結合，做出以橡膠為名的雨衣。

　　遺憾的是，直接從樹木採集的橡膠會在低溫中龜裂，在高溫中又極不實用地發黏。一八三九年，美國人查爾斯·固特異發現將生膠和硫一起加熱，能使橡膠變得堅韌，經得起極端的溫度。這種命名靈感來自火山的「加硫橡膠」開始出現在各種製品上：幫浦和蒸汽引擎、梳子和束腹。一項廣受支持的理論是，由於開膛手傑克腳穿橡膠底靴子，才能悄無聲息地接近受害者。橡膠很快

就供不應求，價格急速飛升，造成亞馬遜區域混亂的「橡膠熱」，人們劃地為王，過度開發樹木資源。一八七六年，在一場公然的生物海盜行動中（或是具有遠見的創業手法，端看你站在哪一邊），英國人亨利‧威肯爵士將委託盜採的七萬顆橡膠樹種子從巴西運回英國邱園。從此之後，三葉橡膠樹的幼苗便被傳播至英國在亞洲的殖民地，成功地種植培育後代——成為今日廣大橡膠園的祖先。

然後，橡膠踏上了長長的旅途。一八八八年，約翰‧伯埃德‧登祿普成功製作出第一條充氣腳踏車輪胎並取得專利；在二十世紀初期，汽車用的充氣式輪胎、橡膠塞、橡膠氣墊、橡膠襯墊以及軟管成為凡士通、固特異、米其林、倍耐力等公司的助力，使它們成為家喻戶曉的名字。這項發展最終使公路運輸超越了鐵路運輸。

一九二八年，亨利‧福特冀求繞過英國對遠東的橡膠壟斷，想在亞馬遜流域建立另一條供應線。巴西政府給他一百萬公頃（兩百五十萬英畝）的土地培育橡膠樹，他還打造了福特城，一座能容納一萬名工人的工廠小鎮。但是這個計畫並未持續多久：黃熱病、瘧疾和文化誤解（福特命令鎮上不能有酒精飲料、菸草、女人或足球），使當地勞工望之卻步。管理階層對植物毫無認知，使得真菌引起的葉萎病和蟲害肆虐種得太密集、土壤性質又不適合生長的植株之間。福特城於一九三四年間正式被放棄，直到如今仍是一座死城。

到了一九二〇年代末，每年有一百萬噸的生膠從東南亞出口，並且是美國價值最高的進口貨物。軸心國在二次世界大戰期間掌握了絕大多數的橡膠樹園，從化石燃料及其副產品中發展合成橡膠的需求變得迫在眉睫。而今，半數橡膠仍然來自樹木，但是無論其來源為何，都還是出自令人心有不安的源頭。現在生長在泰國和印尼的橡膠樹能夠得到最高的利潤，它的種植和採集環境是廣大的橡膠園，不但影響熱帶生態系統，也面臨葉萎病的威脅。另一方面，化學工廠仰賴高汙染原料製造出合成橡膠。無論我們選擇哪一條路，都會消耗大量能源和水，但是我們真能不用保險套和汽車輪胎嗎？

橡膠樹的種莢會爆開，卻不能和響盒子（190頁）相提並論。

馬來西亞

榴槤
Durio zibethinus

　　就能夠輕易結出重達六公斤具有尖刺果實的樹木來說，榴槤樹似乎不可能長得多麼風姿綽約。它的葉片——長橢圓形，具尖端，中央有明顯的主脈——有光滑的橄欖綠表面，霧面銅色葉背，能在風中發出悅目的光澤。它能在密集的低地森林裡長到四十五公尺（一五○英尺）高，枝幹強壯細長，能從中央的主幹幾乎完全水平式地生長，深受愛爬樹的人喜愛。團團的花朵直接懸掛生長在主枝幹上，甚具觀賞價值，體型大而肥碩，幾乎是純白色，氣味類似奶油或稍微過期的牛奶。如此的花朵型態正是為了吸引特定授粉者的演化結果。雖然花朵在下午開放給有興趣的蜜蜂造訪，但正式的營業時間卻在夜晚：為了採得豐沛的甜美花蜜，蝙蝠願意大老遠為其傳授花粉。

　　榴槤樹最出名的就在於兩極化的評價，人們不是喜歡它就是討厭它——它的果實實在不尋常呢！它們成群懸掛在粗壯的果柄上，從生長到成熟只要十四個星期左右，大小近似英式橄欖球或甚至更大。在馬來語中，*duria* 意指「刺」。每顆果實都被一層堅硬的黃綠色半木質、長了金字塔狀尖刺的果皮包裹住，尖刺之間毫無空隙，要是果柄不巧脫落了，想拿起果實可不容易。成熟之後的榴槤會裂開，露出裡面白色稍具纖維的內皮，以及分成四或五大塊布丁黃色的果肉，每一塊果肉裡都有幾顆大型種子。榴槤的氣味惡名昭彰，能夠吸引野豬和猴子之類的大型哺乳動物，將種子散播至離母株很遠的地方。大象會耐心地等待（你也許會覺得牠們還很勇敢）果實熟透掉下來。大象享用榴槤時會完整吞下幾顆種子，將它們一起排放在遠處，同時附上肥料。

　　此外還有一種體積小一點的哺乳動物也很喜歡流連：智人。多虧了人類，原生於印尼和馬來西亞的榴槤如今也在泰國、印度南部、澳洲西北部廣為培植。遠東有一種很活躍的，以榴槤為中心的療癒食物次文化。市場上常見到想買榴槤的人用指甲刮其表皮，將耳朵湊近傾聽果肉是否脫離了內皮。它的口味和香氣也能引起其他的感覺：英國作家安東尼‧伯吉斯將吃榴槤的經驗描述為「在廁所裡吃甜的覆盆子奶凍」，美國名廚暨電視名人安東尼‧波登的名言被廣泛引用：「你的口氣會像是和你死掉的阿嬤來過法式接吻」。

　　榴槤的氣味在密閉空間裡會過於濃烈，在馬來西亞和新加坡，禁止人們將

榴槤帶進旅館或飛機的標示很常見。另一方面說來，我們對於口味的想法通常很容易受他人影響，也許從小沒和榴槤一起長大的西方人對榴槤的名聲已有了成見，進而認為榴槤難以入口。十九世紀的博物學家亞爾佛德·羅素·華萊士則不然，他讚嘆道：「大致可以描述成濃郁如奶油的布丁質感，帶著杏仁香味，但是隨之而來還交織著淡淡的……軟乳酪、洋蔥醬汁、棕雪利酒，和其他彼此不協調的味道。果肉非常黏滑柔軟，是其他食物沒有的質感，更增美味……你會越吃越停不下來。吃榴槤是新的感官體驗，值得吾人赴東方旅遊親自體會。」

印尼
箭毒木
Antiaris toxicaria

　　從中世紀到十九世紀，自東南亞歸來的歐洲旅人總是會提到一種具有恐怖毒質的樹木，就連看一眼也會受到嚴重的傷害。他們說停在樹枝上的鳥會因暴斃而落地，只要稍微接觸就能殺死動物和人類。透過知名的新聞報導，以及有名的作家如狄更斯和普希金，箭毒木被廣泛用於譬喻邪惡的危險和死亡。

　　箭毒木是壯觀的巨大落葉喬木，在熱帶雨林裡生長得最好。具有支撐根的樹幹筆直平滑，如同許多熱帶雨林裡的樹種，樹冠以下都沒有分枝——在光線不足的地方長葉子是毫無意義的。令人驚訝的是，箭毒木的名聲雖惡，鳥類、蝙蝠以及哺乳動物卻會食用其果實，幫助散播種子，我們現在也知道當地人會毫不擔憂地將其內樹皮敲軟之後製作衣物。這樣聽起來，根本不像全世界最邪惡的樹。

　　然而，箭毒木的傳說伊始確實有那麼一點點真實性。在今日的馬來西亞和印尼語言裡，upas 代表「毒」，該樹的乳膠的確含有致命的強心甙。若是這些化學物質進入血液中就會干擾心臟，使心跳減弱、不規律，進而完全停止心跳。乳膠被收集起來之後，能經過加熱成黏稠膏狀物，塗抹在當地土著仍然用來捕捉晚餐菜色的吹箭箭頭上。

　　數百年前，毒箭曾被用來對付入侵的外國人，主要是荷蘭人。由此可以理解當地原住民為何想保護毒液出處不讓歐洲侵略者發現，以期繼續保有箭毒木的傳說，或是至少將這個傳說渲染得更駭人。他們宣稱就算只是接近箭毒木，也需要特殊的防禦措施和護身配備，比如風必須從背後吹來，好將毒素吹走。有關箭毒木的各種既荒誕又恐怖的故事，正是旅人的鄉親父老們想聽的。這些故事被受過教育、有名聲的人複述無數次之後，可信度漸漸增加，在四百年間幫助掩藏了真正的箭毒木出處。如同宣道者熟知，人們想相信無稽之談的意願是無遠弗屆的。

帛琉

古塔波膠樹
Palaquium gutta

　　在十九世紀下半期，古塔波膠樹莫名其妙地改變了世界，它新奇的名字在當時的報紙上隨處可見。原生於蘇門答臘、帛琉以及馬來半島，它也是典型的熱帶雨林樹木，也就是說亟需陽光、樹幹又高又直、樹冠之下只有幾根分枝或葉片。大型的橢圓漿果是松鼠和蝙蝠的食物，葉片是閃亮的綠色，表面光滑，青銅色背面生有絨毛，密密地聚集在樹枝頂端。

　　古塔波這個名字來自於馬來語，描述它灰白色的乳膠，是為了淹死入侵昆蟲和密封傷口而演化的特徵。暴露在陽光和空氣之下，乳膠會凝結成粉紅色具惰性的防水物質。不同於其他有名的乳膠，古塔波膠雖然硬，卻不會碎裂：既不像糖膠樹的膠那般可以咀嚼，也不像橡膠那樣有彈性。然而，當加熱到攝氏六十五度和七十度（華氏一五〇度至一六〇度）之間時，它的延展性會變好，能夠輕易塑型，冷卻之後還可以保持形狀。

　　數百年來，當地土著將古塔波膠塑型成工具和開山刀的把手；一八四三年時，一位英國外科醫生將古塔波膠樣品寄回倫敦，想知道還能發展出哪些用途。很快地，古塔波膠就成為當時的新奇材料代表。有些人特別成立公司只為了研究古塔波膠，各種宣稱摔不壞的廚房工具、西洋棋棋子、話筒，以及新穎的手杖把手應運而生。十九世紀前半期，最棒的高爾夫球是以人工手縫皮革和羽毛辛苦製作而成的。簡稱為「古塔球」的古塔波膠高爾夫球是很大的改進：堅固、容易塑型、造價便宜許多。於是高爾夫球運動和古塔球一樣，一飛衝天。「古塔球」風光了五十年左右，直到更好的，以橡膠線巧妙製成的高爾夫球問世。

　　接著，遠比高爾夫球更重要的乳膠用途被人們發現了。當時發明了電報，透過電線傳遞訊息的溝通方式。但是被海洋阻斷的越洋溝通該如何進行？電流和水勢必不能接觸。此時古塔波膠上場了：它耐海水，又是絕佳的電阻物質。在倫敦工作的德國人維爾納・馮・西門子（他的家族企業成為今日的西門子公司）發明出以古塔波膠無縫包覆銅質電線的方法。實業家和資本家看準了這個機會，盛大的電纜大賽於焉展開。在許多海面上的錯誤嘗試和匹夫式愚行之後，可靠的電纜生產和拉線方式終於成為家常便飯。一八七六年，大英帝國將

倫敦和紐西蘭以電纜連結起來；到了十九世紀末，地球總共被纏繞了四十萬公里（二十五萬英里）的電報電纜線，纜線裡喧鬧地傳送著商業、外交以及新聞訊息。

　　然而這對古塔波膠樹來說並非好事。與其辛苦萬分地從樹上採集流速很慢的樹膠，當時是將整株樹砍倒，快速抽取出汁液，但是一棵樹只能抽取幾磅的樹膠。為了滿足永不饜足的電纜絕緣目的，有幾百萬株樹被砍下。最後，樹種混雜的森林被清空改成單一膠樹園，但是耗光這種緩慢更新的策略性資源，在商業領域裡造成擔憂。新的規定保證樹身不會被砍伐使用，而僅止於從樹葉採集乳膠，樹葉採下來之後會被打碎浸入熱水裡。這種做法使得越洋溝通持續仰賴以古塔波膠樹膠做絕緣包覆的電纜，直到一九三三年之後才漸漸被人工合成的聚乙烯取代。如今廣表的膠樹園已經不再，土地轉為耕作之用。唯一常用古塔波膠的是牙醫師，因為他們還沒發現更好的植牙填充物——對樹膠曾經遍布全球的樹來說，可以說是非常乏味的用途。

　　古塔波膠仍被用於牙科手術。人心果（188頁）的樹膠也被用於口腔，使用方式卻有意思多了。

澳洲西部

加拉木
Eucalyptus marginata

　　加拉木（又名紅柳桉樹），聽起來很澳洲。這個名字來自澳洲大陸西北端的努恩嘎 (Nyungar) 語。殖民時代開始之前，數百萬英畝的加拉木森林矗立在淋溶侵蝕過的達令高原上。加拉木是很雄偉的樹，能夠輕易長到四十公尺（一三〇英尺）高，樹幹直徑兩公尺（六英尺），樹皮粗糙，是很深的黑棕色。它的星型花朵具有濃香，色白，尺寸小，如花綵裝飾般地聚在樹上，以十朵左右爲一團，能夠吸引蜜蜂利用其花蜜釀出麥芽糖色、具焦糖香味的蜂蜜。加拉木是一種很重要又複雜的森林生態系統中的關鍵；在這個森林系統裡有可愛得無以復加的有袋目動物，名字能夠讓愛玩塡字遊戲的人大感興味：袋食蟻獸，長鼻袋鼠，袋貂，尖嘴袋鼠。

　　如果有機會的話，加拉木可以活很長的時間，至少五百年到一千年甚至更久。英國殖民者很快看出來加拉木紅色的木材頗具價值：異常堅固，抗腐蝕、抗蟲害、耐風吹和水淹。它立刻被用於造船和港口的支撐桂材。當罪犯於一八五〇年起被流放到澳洲之後，大量的廉價勞工意味著加拉木能被運往整個大英帝國，搭建永遠建不完的鐵路枕木和其他需要耐用材料的基礎建設，比如電報杆、碼頭，甚至喝茶小屋。依賴蒸汽動力的鋸木廠和鐵路線形成供應網，將木材向外運輸。

　　值此同時，在地球另一邊的倫敦人正研究該用哪種材料鋪馬路，因爲一八八〇年間仍是混亂的馬車時代。石板路和鵝卵石路主要用於重要的路段，但是它們造價高昂，在多雨的城市裡又容易導致馬匹打滑失速。瀝青在當時被稱爲柏油碎石，還需要數十年才能發展到夠堅固的程度。此外還有木料。軟質木材樅木和來自波羅的海的松木鋪板有某些石材無法勝過的優點：比較安靜，清掃容易，對馬蹄損害較小。但是這些木材磨損腐爛的速度很快，還會吸收馬匹的糞尿。更糟的是，在受到壓力的狀況下會將隱藏的糞尿噴濺到路人身上。

　　因此一點也不奇怪的是，當加拉木於一八八六年在倫敦舉行的印度及殖民地博覽會中亮相，並被宣傳爲堅固耐用的鋪路材料，馬上就吸引了極高的注意力。事實證明它的耐磨性無與倫比，用於車水馬龍的路上，一年只被磨損零點三公分（八分之一英寸）。它的使用壽命能長達數十年，而且不透水，深受人

類和動物喜愛。到了一八九七年，即使遠洋海運成本很高，倫敦市區內最熱鬧、最時髦的街道仍然有三十多公里（二十英里）長的路段是用澳洲加拉木鋪成的——使用了數以百萬計的木塊，大部分鋪於水泥基底上。至於在澳洲本土，對加拉木的大量需求造成許多沒有法令規範的加拉木工廠彼此激烈地競爭。競爭對手不斷削價爭取訂單，到了一九○○年時，加拉木在英國的售價已經低於鄰近的瑞典供應的木材，而後者的品質遠不如加拉木。加拉木材生意的利潤雖然豐厚，卻極度不環保；森林絕對無法承受如此永不饜足的濫伐。雖然林木迅速消失，但是一直得等到第一次世界大戰末才引進法條，較理性地管理剩下的加拉木資源。在那之後，瀝青也很快地取代了木頭馬路，不過營造業對加拉木的需求從未消退。

除了幾塊大片受保護區域外，大部分的加拉木森林都已經消失了，不是被砍倒做木材，就是讓位給農業或礦業。而今加拉木面臨的另一個威脅是地球暖化，以及隨之而來的一連串改變。類似真菌的微生物根腐菌（*Phytophthora cinnamomi*）造成大量植株死亡；夏天時的乾旱和熱浪襲擊又越來越頻繁。無限制的濫伐和消耗脆弱的生態系統，勢必會影響與加拉木息息相關的努恩嘎文化。僅存的加拉木再次面臨威脅，只是這一回換成氣候變遷；我們所有人對氣候變遷都有責任，並且必須體認到我們的作為也連帶影響了許多文化的存亡。

澳洲

瓦勒邁松
Wollemia nobilis

　　瓦勒邁「松」曾經一度被認為已經絕種了幾百萬年，是植物學史上最令人詫異的發現。這種樹在很久以前就以化石形式出現，而化石岩層顯示它曾在六千五百萬年以前恐龍生活的環境中搖曳。它很明顯地是針葉樹，但是卻和如今任何一種活生生的針葉樹都不一樣。一九九四年，在新南威爾斯藍山山脈裡的瓦勒邁國家公園中（在雪梨西北方向，距雪梨只有一百五十公里／九十英里），一座絕世而獨立的深砂岩谷裡，一位正在探索迷宮般的熱帶雨林峽谷的國家公園巡山員發現一棵奇特的植物，亭亭玉立，生機盎然。該植株和化石比對之後，呈現令人信服的符合特徵，甚至連花粉都吻合。用瓦勒邁國家公園的名字來為這個使人驚異的樹種命名再適合也不過了。瓦勒邁來自當地原住民對該地區的稱呼，意謂「看看你的四周」。

　　最高的瓦勒邁松很壯觀，可達四十公尺（一三〇英尺）高，樹幹直徑一點二公尺（四英尺），也許有一千歲。但是它並不是松樹，而是和智利南洋杉有親戚關係的針葉樹。老樹的樹幹由數根不同年齡的枝幹組成，樹皮上密密地覆著柔軟如海綿的小瘤，看起來就像巧克力爆米花。年輕的樹有淺色的凌亂葉叢；若不仔細看，會以為樹皮上攀附了別種迷了路的寄生植物。老一點的葉片看起來像表面崎嶇如爬蟲表皮的蕨類，沿著樹枝密集地排列，它們比枝頂的年輕葉片細窄許多，顏色也更深。瓦勒邁松的樹枝並不會隨著年齡增長而分枝，從樹頂俯瞰，就像顏色深淺交錯的綠色星星。樹木會在寒冷的月分中休眠，每顆將要萌生的花苞都會被包裹在一層延續到春天的白色蠟質裡。毬果只長在樹枝頂端：雌性毬果看來彷如掛在枝頭高處的長穗彩球，雄性毬果則垂掛在較低的枝頭。瓦勒邁松並未演化出將老葉和枯葉褪落的機制；反之，當葉片過於累贅時，它會脫掉整根樹枝。

　　這株古老樹種的發現成為世界性的大新聞。為了防止盜採者，也為了確保萬一瓦勒邁松所處地點發生天然災害時該樹種仍然能夠存續，澳洲政府遂利用溫室進行人工培育。世界各處的園丁和收集家已經種下幾萬棵瓦勒邁松幼苗。植物園渴望能將瓦勒邁松種在室外圍欄裡，一來吸引注意力，二來是象徵瓦勒邁松在野外的稀有程度，如今僅有大約一百棵野生植株為人所知。

這麼少的植株數量集中在佔地極小的範圍中，使野生瓦勒邁松特別處於劣勢；更糟的是，基因分析顯示這個樹種並沒有可以識別的基因變異。我們並不清楚這些植株是否全複製於某棵特定植株，也許是經由地下莖向外延伸繁衍；或者剛巧這個樹種就只有寶貴的稀少基因變異；抑或因為它們的數量曾經比現在還少，因此僅存的幾株大膽地想辦法用受限的基因變異繁衍出後代。無論原因為何，它們彼此之間高度的相似性，代表它們若遇到尚未演化出抵抗力來對付的病害時，將毫無勝算可言，因為只要病蟲害能感染或攻擊其中一棵樹，就同樣能傷害同種的其他植株。

為了避免感染，瓦勒邁松所在地點不准許大眾進入。然而，有些愛闖關的人將這條限制令視為值得嘗試的挑戰，進而有可能引進疫黴菌（*Phytophthora*，希臘文的「植物毀滅者」），水黴一類的真菌也會經由入侵者未清洗過的靴子攻擊瓦勒邁松。曾經挺過十七個冰河時期以及無數野火的活化石樹種，確實有可能在大自然中被不必要的人類活動連累導致感染，進而失去生命。

瓦勒邁松還有仍然健在，同樣也是史前返祖老將的近親：智利南洋杉（170 頁）。

澳洲

圓果杜英
Elaeocarpus angustifolius

　　圓果杜英的英文名 quandong 發音近似「冠東」，其實是「谷灣當」（*guwandhang*）的音誤，後者出自澳洲委拉祖利（Wiradjuri）原住民的語言。圓果杜英長得很高，有很多支撐根，是生長快速的常綠樹種。它的分布地區包括東南亞、昆士蘭省南部、新南威爾斯省北部，偏好雨林和河流沿岸。樹葉色澤鮮綠，橢圓形葉的葉緣有細密的鋸齒，葉片主要生長在開放的樹冠枝條頂端，葉片老化時會變紅，因此圓果杜英樹上能見到繁茂的猩紅色葉叢。大量的吊鐘狀花團氣味芳香，花瓣邊緣有皺褶，就像穿著白色草裙般向下垂吊著。

　　圓果杜英的果實很特別。形狀圓，尺寸類似大顆彈珠，是鮮豔的鈷藍色。但是和世界上少有的其他幾種藍色果實不同：那些果實含有稱為花青素的化學元素，圓果杜英的果實裡卻沒有色素。它利用能夠反射藍色光的表皮組織達到藍色效果，類似孔雀羽毛和虹彩蝴蝶翅膀上的鱗片，但是別的植物身上卻看不到這種顯色方法。這種令人讚嘆的結構叫虹光體＊，是以極精密方式排列在果實表皮細胞壁下的組織網，能夠干擾在組織表面和背面來回折射的光波，創造出顏色。鮮豔奪目的藍色發色均勻，仰賴微小精密到幾百萬分之一公釐的微粒。這種所謂的結構色使果實具有優勢：即使老化也仍然保持閃亮的鮮藍色，即使掉落在森林地面上也能吸引目光。不同於大部分的果實，光線也能穿過杜英果的表皮達到下方能夠進行光合作用的內層，供應生長所需的養分。

　　圓球杜英果對包括食火雞、巨果鳩、眼鏡狐蝠在內的森林物種來說是重要的食物來源，牠們能從森林裡的眾多色彩中分辨出藍色。吃完果肉之後，動物們會丟棄布滿奇怪皺褶的果核，包裹其中的果仁並不會受到損傷。果核看起來彷彿是人工雕刻而成，每顆果核裡都有數顆種子，能用來做成佛教徒和印度教徒使用的念珠，或是串成項鍊。

　　若是太早摘下果實，它會在喉頭留下澀味，但是稍微熟透一些之後，圓球杜英的果實算是挺可口的。問題在於把天藍色的食物放進嘴裡似乎多少感覺有些詭異。

＊虹光體是特化的葉綠體，其葉綠餅排列整齊以反射藍光，使植物沒有色素也能呈現藍色。

喜樹
Pycnandra acuminate

　　隸屬法國領土的新喀里多尼亞位於澳洲和斐濟的中間點，並不全然是隨風搖擺的棕櫚樹和珊瑚礁。由於地理上的陰錯陽差，其主島格朗德特爾大約為三百五十公里（二二〇英里）長，六十五公里（四十英里）寬，蘊藏驚人的全世界第五大鎳礦含量。露天礦場的產量約能提供全世界十分之一的需求，絕大部分被用來製造不鏽鋼。

　　喜樹和如此大量的有毒金屬以及貧瘠的土壤為伴，竟也演化出自立自強的能力。它的高度大約是十五公尺（五十英尺），生小白花。到現在聽起來還算正常，但是把樹砍斷，會看見從內皮流出來的乳膠竟然是望之心驚的藍綠色。在枝子上劃出傷口，就會滲出亮晶晶的土耳其藍色液體。喜樹的通名是 Sève bleue，意思是「藍色的樹液」，鎳含量佔了黏稠液態乳膠高達百分之十一、乾乳膠裡四分之一強的重量，濃縮比例遠遠超過任何有生命的物體。一株成年的喜樹可含有三十五公斤以上的金屬成分。

　　喜樹隔絕鎳的方法，是用檸檬酸製造複合物質將鎳分開導入乳膠，以免阻擋生存所需的細胞活動。然而，生長在附近的其他植物並不使用這種曠日費時的手續，而是從一開始就拒絕從土裡吸收鎳金屬。喜樹獨樹一格的做法，似乎是為了將鎳作為便宜的防蟲毒藥，免得被蟲隻啃食殆盡。它是重金屬高累積度植物的極致範例，其實世界上還有其他也能吸收重金屬的植物。這種特性正被用於植物修復方法的各項研究，使用植物清理被汙染的土地。

　　地中海柏木（70 頁）也和另一種重要金屬有密切的關係。

紐西蘭

考里松
Agathis australis

　　就精神和文化上的代表地位來說，考里松與地球另一面對蹠點上的加州海岸紅杉（二○六頁）互為伯仲。考里松的生長地點侷限在紐西蘭的最北角，是能夠長到四十五公尺（一五○英尺）高，生存五百至八百年的雄偉樹種。結實的「釘狀根」最長可達五公尺（十六英尺），從樹身的側根向下分出，在強風中為主體提供格外牢靠的固定功能。考里松給人特殊的莊嚴感，因為它光滑的灰色樹幹往往長成不可思議的圓柱狀，從底部到頂並沒有明顯的粗細變化，直徑能寬達五公尺，樹枝只生長在絕高之處。當寄生植物想攀附在其樹幹上時，考里松會不客氣地褪下樹皮塊擺脫不軌之徒。然而，它的樹冠卻支撐了一整個生態系統，包括蘭花和蕨類，甚至其他樹種。

　　考里松還有另一個發展完整的防禦機制：松脂。它的松脂除了有強大的殺細菌和抗真菌能力之外，還能建立實際的防護層。松脂將傷口覆蓋起來之後，淹沒並且困住躲藏其中的昆蟲。考里松能製造大量的松脂，從樹身各處溢出，或累積在樹杈處。大約在三萬至五萬年以前，幾波考里松相繼出現又死亡，大量松脂因而流進地底下成為化石，在土裡形成厚達十公尺（三十五英尺）的松脂層。

　　毛利人大約是在十三世紀時從玻里尼西亞抵達紐西蘭，他們用考里松脂做火種，或是具有醫療效果的口腔清潔劑，也會一同嚼食當作社交潤滑劑。他們還會將考里松脂燒成黑色粉末，和油脂混和成為泛著綠的藍黑色刺青顏料，以動物骨頭做成的鑿子痛苦地將這個混和顏料送進皮膚的裂痕下。

　　毛利土語的帕給哈（*pakeha*），也就是來自歐洲的外來者，大張旗鼓地於一八四○年間到達紐西蘭。他們使用考里松木材搭橋造船，但是除了用來點火或雕刻新奇的手工藝品之外，找不到方法將滿地的松脂賣出好價錢。他們將樣本寄給美國和倫敦，最後終於有一家廠商發現考里松脂能夠被溶解於各種油裡，做成堅固異常的室外用亮光漆，對製造船隻甲板和火車車廂非常有用。突然之間，松脂成了有價值的貨物。

　　很快地，原本散落在地面的松脂塊全被收集起來待價而沽，但是更多松脂層還埋在地底下或沼澤裡。短時間內湧入了數以千計的松脂獵人——如同加州

的淘金熱再現──人們稱之爲「挖膠人」（這是誤解，因爲松脂不溶於水，和樹膠不同）。挖膠人並不需要昂貴的採礦工具，只要將一根尖頭、由粗到細的鋼棒以槌子敲進地面，就能發現松脂層了。鋼棒震動的音質就能告訴挖膠人底下是否有松脂，而松脂型態從小碎塊到需要三人合力才能抬起的大尺寸都有。在五十年間，考里松「膠」始終是紐西蘭最重要的出口產品，數量甚至比羊毛、金子或木材還多；一八九〇年末到第一次世界大戰是挖膠最熱烈的時期，曾有多達一萬名挖膠人，共出口十五萬噸松脂，等值於今日的十兆英鎊。英國王室發挖膠執照的條件通常是土地必須經過清理和排水，執照規費和出口稅則用來建設紐西蘭的基礎建設，如學校、道路以及醫院。

直到化石松脂被挖掘殆盡之後，人們又回到採集樹脂的老本行，但這一次用的是恐怖得令人難以置信的粗暴方法：穿著鑲有尖釘的鞋子直接順著樹幹向上走，手裡擎著短斧。他們將樹皮撕開後，每六個月回來收集一次松脂，順便製造出新的撕裂傷。貪婪使得許多人下手太重，進而縮短了樹木的壽命。

一九一〇年，這個行業受到外來衝擊：亞麻仁油、軟木顆粒、低等級的考里松脂小塊一起揉合於布料上，製出堅固、容易清理又耐用的材料：油布。二次世界大戰剛結束，亮光漆和油布製造商才找到合成替代品，考里松脂的需求隨之崩解。如今舉目眺望紐西蘭北部的農地和果園，令人幾乎不敢相信就在一百二十年前，眼前這塊土地的主要產業內容竟然是挖膠，而且還使這個國家藉此茁壯；更難相信的是，在毛利人和帕給哈還沒抵達前，考里松林曾經覆蓋了一萬五千五百平方公里（六千平方英里）的紐西蘭國土。

考里松脂引起人類的採集「熱」，橡膠也不例外（136 頁）。

東加

構樹
Broussonetia papyrifera

　　構樹是輾轉從台灣傳入東加的，與之伴隨的還有移往玻里尼西亞的移民。它很喜歡太平洋島嶼潮濕的火山土壤，如果在樹齡一歲多一點，迅速拔高至三到四公尺（十到十三英尺）的時候沒被砍下，就能輕易長到二十公尺（六十五英尺）高。構樹含有的寶藏是取自內樹皮的纖維，能夠為樹木內部負責運送糖和其他化學成分的運輸構造提供支撐組織。構樹纖維由被果膠和樹膠結合在一起的長串細胞組成，特別地堅固，玻里尼西亞人用它來負責特殊的功能：製作樹皮衣，原住民語稱為它帕 (tapa)。東加人特地為了這個目的種植構樹。在日本，構樹纖維被用來做和紙，這種堅韌的紙是許多傳統工藝的材料；西元前一百年，中國人便已經使用構樹纖維造出世界上第一批紙了。

　　首先，小心撕下幾公尺（幾英尺）長，手掌寬度的樹皮，再清洗刮乾淨。樹皮長條會繼續捶打直到變成原先寬度的三倍，逐片疊起來之後不斷敲擊，使每一片沾合在一起，若是沾合得不夠密，可以加進一點點樹薯粉。木槌子有節奏的咚咚聲，是東加境內村落中尋常的聲響。黏合成淺棕色的方塊之後，就可以用印、染、畫、模板塗染等方法，加上黑色和深棕色系的傳統幾何紋樣。這些紋樣設計都很精美，通常是極具風格的魚或植物，也能用來做成壯觀的掛畫；用在公家建築物裡的掛畫可以寬達三公尺（十英尺），長十五至三十公尺（五十至一百英尺）。

　　在東加，這些完成的構樹纖維作品叫做納圖 (*ngatu*)。它們是很有價值的儀式禮物，比如婚禮和葬禮，可以當成壁畫或區隔室內空間的掛簾。原木它帕布料只用於製作衣服——表面通常塗有一層防水的油或樹脂——現在有時仍被用來製成傳統的結婚禮服。

　　它帕使當地人透過手工藝得到收入，但是也許最大的價值在於意義重大的作品通常是群體同心協力完成。重新找回祖先傳產的玻里尼西亞人們說，沾合纖維時的敲擊過程將製作它帕的人緊密連結在一起，這也解釋了如今在夏威夷，以及經由東加和斐濟移民在紐西蘭帶領的它帕復興運動。

美國，夏威夷

夏威夷相思木
Acacia koa

　　夏威夷群島是太平洋裡的一連串火山島嶼，從最近的大陸邊緣綿延三千兩百公里（兩千英里）。地球上別處的相思木都不是自然生成，夏威夷相思木也許是在一百五十萬年前從澳洲大陸來到此地的祖先逐漸演化而成的。夏威夷相思木可以說是迫不及待地生長：能在頭五年長高十公尺（三十五英尺），成樹的型態可以是很不清爽的灌木叢，也可能變成多瘤、向外伸展的大樹，帶著哥德時期花窗狀的風格。這個樹種對生態系統的貢獻十分慷慨，它提供食物和居所給鳥類和昆蟲，老樹粗糙多鱗的樹皮上往往點綴著吸引人的朱紅色苔癬，獨特的根瘤之間是具有固氮作用的益菌，讓夏威夷相思木能在貧瘠的土壤裡生長，並且將落葉轉化為養分，供應樹木生命所需。至於葉片本身也不簡單。年輕的夏威夷相思木葉片有美麗的銀綠色複葉，但是成熟的樹卻發展出新月形的「葉狀莖」，扁平的葉柄長如成人的手掌。夏威夷相思木生有兩種葉片的彈性，能幫助樹適應從陰暗到全日照的不同生長環境。

　　不可思議的是，在一萬六千公里（一萬英里）之外的印度洋留尼旺群島上，有一種異葉型相思木 (*Acacia heterophylla*)，幾乎與夏威夷相思木完全一樣。基因分析顯示，這也許是全世界已知的單一種子最遠的傳播距離。夏威夷相思木在開完滿樹蓬鬆的淺黃色小花之後，就會結出棕色的豆狀種子，包在手掌長度的種莢裡。由於夏威夷相思木種子不耐海水浸泡，一百四十萬年以前也許是一隻鳥將那顆種子吞下肚，或是剛巧卡在鳥爪間，一路將種子從夏威夷帶到留尼旺。

　　在人類抵達之前，夏威夷除了蝙蝠之外並沒有其他陸生哺乳動物，因此夏威夷相思木（或島上其餘大部分植物）也沒有演化出尖刺、毒質或是苦澀化學物質的壓力。於是當無數放養的牛羊群出現後，夏威夷相思木變得毫無防禦能力。牛羊將它的幼苗視為高級食料，硬蹄任意踐踏深度很淺的樹根。如今，夏威夷相思木已經受到保護，但是就在植株數量回升的同時，它又是全世界價格最高昂的木材之一。傳統的用法是製成家具和烏克麗麗，它能被刨成光亮的桃花心木色，泛著耀眼的紅色和金棕色。就像半寶石虎眼石，它和虎眼石一樣能夠變彩：一種視覺上的錯覺，彷彿閃爍的紋路有立體深度。

夏威夷相思木在夏威夷文化裡的崇高地位來自於它和長獨木舟 (waʻa peleleu) 的關聯。這些巨大的航海獨木舟長三十公尺（一百英尺），深二至三公尺（六英尺半至十英尺），有很大的舷外浮桿防止在波濤中翻船。它們曾經是島嶼之間旅行和交通的主要工具。每艘獨木舟的船身都是由一整棵巨大的夏威夷相思木鑿成，堅固又耐用，足以在海上來回往返，不枉費投入的造舟人力。有些版本還有雙層船身和船帆。

　　造獨木舟是一件大事，因此只有酋長才負擔得起。木匠們的工作是家族世襲的，壟斷著航海船隻的製造工作，他們和酋長協商出優渥的酬勞，再加上自己和家人的食物。芋頭、麵包果、椰子、地瓜會在造船工作開始之前就種下，酋長還得送禮物給木工，否則後者會放下工具罷工。然而，這也是信仰活動。造船過程中的每一個階段都有儀式，由一位特別的祭司監督，他也是造獨木舟的專家，當地稱為卡胡那卡拉瓦阿 (kahuna kalaiwaʻa)。卡胡那協助在森林裡選擇適合的樹，當工人費力地砍倒樹，用石扁斧修整木材時，卡胡那會留意是否有惡兆出現。造舟過程會被施以卡普 (kapu)：宗教禁忌（從這個字再到東加語中的「它普」〔tapu〕，演變成英文的「禁忌」〔taboo〕）：禁止外人進入製舟地點，工人的食物和進食時間也有規定。完工的獨木舟以植物萃取物和油製成的漆畫上裝飾圖案。最後，卡胡那和酋長在奉上豬、魚、椰子的神聖筵席中舉行下水儀式——與現今西方用一瓶 VIP 香檳砸船頭，同時祝禱「願上帝保佑此船及所有船員」的儀式相去不遠。

　　亦楊（58頁）的根瘤裡也有能夠固氮的細菌。

智利南洋杉
Araucaria araucana

　　智利南洋杉尖銳的葉片盔甲乍看之下似乎小題大作，但是這位史前返祖老將當年必須防止自己成為草食性恐龍的晚餐。如今它是智利的國樹。白堊紀時，它曾有近親生長在現今的歐洲低地國地區，直到氣候變遷，新演化出來的植物競爭對手將它們迫至全數滅亡的境地。

　　智利南洋杉是高聳的常綠針葉樹種，原生於智利和阿根廷的安地斯山脈腳下，它略能承受海鹽，有時也會出現在沿海地區。安地斯山脈是火山地區，也常遭到閃電攻擊，樹木都以長出厚厚的樹皮因應，當野火燒過時，這些樹會比新來乍到的競爭物種更容易存活。

　　這種樹也許能活一千三百年，外表具有爬蟲類的風格。一群一群的新枝從樹幹上的單點長出，彎彎曲曲，根根分明，就像絨毛鐵絲。有光澤的葉子是深綠色的，但是在枝幹的生長頂端上顏色比較淺，非常尖銳，以螺旋狀排列，密集到覆滿整根樹枝。年輕的樹型呈金字塔型，成熟之後會褪掉低處的枝幹，所以老樹的樹幹就山區樹種來說，是很不尋常地又高又直；有時它們的樹皮呈現奇異的棋盤格裂紋，樹冠就像一把由樹枝組成的雨傘。種子生在鏽橘色的毬果裡，散播的祕密直到不久之前才被解開。科學家逐顆在種子上安裝很小的磁石追蹤它們的去向，繼而發現它們主要是被齧齒動物於下午三點到九點之間收集起來，藏在牠們的窩裡；剩下的是經由鳥類和牛羊散播。

　　當地語言稱呼南洋杉屬植物為佩布彥（*pebuén*）。數世紀以來，它富含蛋白質的種子皮紐內斯（*piñones*）被人們烘烤後食用，或在磨碎後用能耐低溫的特殊酵母發酵成叫做木黛（*muday*）的啤酒。南洋杉對馬普切人具有信仰和經濟上的意義，在當地的豐收和生育慶典裡具有主角地位。

　　這個樹種最早遇見的歐洲人，是大約一七八〇年時的西班牙探險家。它被阿奇博・孟吉斯引進英國，此人是植物收集家和外科手術醫生，在一七九五年間跟隨喬治・溫哥華船長進行環球航行。傳說在和智利地方首長的晚餐尾聲，一碗種子被端上桌饗客，孟德斯便偷偷地裝了幾顆到口袋裡。不過沒烘烤過的種子一點都不可口，所以他或許只是在走回船上時撿了一顆掉在地上的毬果。無論真相為何，那些種子在船上發了芽，他因此得以將幾株健康的樹苗帶回英

國。其中一棵活了將近一百歲，是邱園的熱門景點。

　　智利南洋杉的英文通名是猴迷樹（Monkey Puzzle），源自於一八五〇年的英國，當時這種樹仍然非常罕見。某位律師拜訪位於康威爾的花園，花園主人花了天價的二十枚金幣買到一株智利南洋杉，對律師說：「猴子都會在這棵樹上迷路。」絕佳的行銷辭令於焉產生。到了維多利亞時代末，一股在大莊園裡開始以猴迷樹打造出令人讚嘆的林蔭道熱潮席捲全國，水漲船高的需求量足以使收集家們開始大量供應南洋杉種子，售價因此大跌，一般的郊區住宅也開始負擔得起種植智利南洋杉了，以至於至少是在今天的英國，它偶爾會被視為粗俗的樹。

　　即使已經是受保護的國家級紀念物了，由於生長地區被闢為農業用地，智利本土的野生智利南洋杉卻仍陷入瀕危樹種的境地。真正使人難解的問題在於如何保育比恐龍活得更久，但是卻必須和人類爭地的古老樹種。

阿根廷

藍花楹
Jacaranda mimosifolia

　　藍花楹無疑是阿根廷北部最美麗的出口樹種，優雅的身影妝點了許多亞熱帶和比較暖和的溫帶城市街道。修長的枝幹形成細緻的葉叢，樹冠趨向圓形；晚春時節，還沒萌發新葉的樹會盛放出整樹的藍花，彷彿是怕開晚了會被新生葉片搶走風采。接下來的兩個月之間，樹上覆滿蜜蜂鍾愛的芬芳花團，花朵是薰衣草藍色的喇叭形，數量濃密得令人目眩神迷難以移開視線，心情為之振作。接著長出來的複葉很細緻，隨風擺動，給地面帶來溫柔的遮蔭，鮮亮的蕨綠色和花朵形成鮮活的色彩對比。在雪梨、普勒多利亞、里斯本、巴基斯坦、和加勒比海，受歡迎的藍花楹大量遍植於各處，為大道戴上藍紫色的項鍊；也帶給較狹窄的郊區街道紫晶色的頭冠。藍花楹的花瓣掉落後，會在樹下鋪起紫色的地毯——幾乎每個人都樂見其成，除了有潔癖的人和偶爾幾位脾氣不好的駕駛人抱怨花瓣弄髒他們的車子。

　　對於那些特別難討好的人們，我還有另一個說服他們的理由：行道樹其實應該視為有價值的投資。大量的研究顯示，行道樹能改善空氣品質、使城市變得比較涼爽、預防水災、促進心理健康和社區凝聚力；豐富的優點遠遠超過種植它們所需的成本。但是在種植混和樹種時必須謹慎，因為每個地區都有自己的地理特色和生態系統；但是假如你住的地方夠暖，為社區街道增添一兩株藍花楹不啻為一樁提高房地產價格的熱心善舉。

　　染井吉野櫻（134 頁）同樣是因為它的美麗而遍植於城市中。

祕魯

金雞納樹

Cinchona spp.

　　金雞納樹是現今祕魯和厄瓜多的國樹，同樣也改變了人類的歷史。金雞納屬中有超過二十個種，它們的樹型瀟灑，高約二十五公尺（八十英尺），葉片尺寸大、富光澤、葉脈明顯，白色或淡紫粉色的花朵（有時生有絨毛）氣味甜美，群聚成小團，通常由蝴蝶和蜂鳥傳播花粉。但是真正讓金雞納樹聲名大噪的是能夠治療瘧疾的樹皮。

　　十七世紀初期，祕魯的西班牙殖民者和耶穌會傳教士是第一批得知金雞納樹皮的外來者，但是那時南美洲並沒有瘧疾病史。有些歷史學者認為當地克丘亞人用金雞納樹治療與瘧疾無關的熱病，進而啟發歐洲人歪打正著。在歐洲，瘧疾（俗稱「打擺子」）是地區傳染病，歐洲人發現金雞納樹的樹皮既能治療也能預防瘧疾，它的名聲和用途迅速傳遍整個西班牙。（諷刺的是，可能就是由於西班牙人經由他們的非洲奴隸交易，將瘧疾帶進原本沒有此疾病，卻有其解藥的大陸。）他們以金雞納樹為中心，建立起一整套商業系統，和克丘亞人發展出雖不強硬但是仍然有相當控制手段的「合作夥伴」關係，大規模的金雞納樹砍伐行動開始了，船隊不停地將木料運回歐洲。

　　由於西班牙和天主教之間的關係，新教徒以懷疑的眼光審視這些「耶穌會的樹皮」。英國的奧利佛·克倫威爾寧願死於瘧疾併發症，也不願意服用「惡魔的粉末」。但是到了一六七九年，金雞納治好了法王路易十三的兒子，很快地便廣為人們接納，成為瘧疾的唯一預防及治療靈藥。它的角色在接下來的兩百五十多年裡始終不變，直到合成配方出現。

　　我們現在知道金雞納樹皮含有多種生物鹼——也許是演化來抵禦昆蟲的，對克丘亞人的確具有醫藥價值。「奎寧」來自克丘亞語「奎納奎納」（*quina-quina*），意指「樹皮中的樹皮」。奎寧的生物鹼具有罕見的能力，能使我們某些血液成分製造出對抗瘧原蟲的毒性。

　　瘧疾在歐洲肆虐至二十世紀，而它是澆熄歐洲人對熱帶地區殖民野心的重要條件：這個致命的急命殺死了半數以上抵達部分非洲和亞洲地區的歐洲人。在北美洲，英國人於維吉尼亞建立的屯墾區裡，死於「沼澤熱病」的人口多於被印第安人殺害的。任何能控制瘧疾的方法都具有策略上的重要性，值得很高

的價錢。為了保護他們利潤豐碩的金雞納樹壟斷，南美洲國家會判任何出口金雞納木料或種子的人死刑。然而，他們的森林無法滿足歐洲人對奎寧的覬覦和需求，在十九世紀時，荷蘭人和英國人成功地將金雞納樹從南美洲走私到歐洲，開始種植他們自己的金雞納樹林。

到了一九三〇年間，荷蘭東印度公司供應了幾乎全世界的奎寧，直到二次世界大戰都還保有這個策略性力量。當爪哇和金雞納供應能力落入日本人掌控之後，美國便從祕魯進口了數百噸金雞納木料。但即使如此仍然不夠：數萬名美軍還是因為缺乏奎寧而喪生在非洲和南太平洋地區。

沒有奎寧，歐洲國家在熱帶地區的殖民地範圍就不會擴展。英國在印度的統治仰賴奎寧，這種從樹皮提煉出來的白色粉末被溶於水中，成為英國殖民者每天必喝的飲料「通寧水」。為了掩蓋過奎寧的味道，琴酒、檸檬、糖被加進通寧水中使其較易入口，因而衍生出今日的琴湯尼調酒。現代通寧水裡的糖比較多，奎寧成分遠遠少於當年——但是仍然夠讓它在夜店的紫外光照射下泛著淡淡的螢光藍色。

奎寧和麵包果（194頁）都是英國皇家策略計劃中的重要項目。

輕木
Ochroma pyramidale

幾乎世界上所有的輕木都來自熱帶美洲厄瓜多的森林和農場，它生長快速，生命週期短暫。*Ochroma* 的意思是「蒼白」，乳白色、輕如羽毛的木料是模型製作者耳熟能詳的材料。也許你會很驚訝：對海洋和天空中的探險先驅們來說，它曾是不可或缺的。

輕木很特別。它的生長趨勢通常近似完美的筆直，花苞的尺寸和形狀就像長了絨毛的冰淇淋甜筒。花朵在夜晚開放，展示五片厚實、鮮奶油白色的花瓣——這為時極短的邀請說明了它有很豐富的花蜜款待授粉幫手們。夜間開花的植物通常代表傳播花粉的是蝙蝠，但是輕木花粉仰賴捲尾猴和另外兩種可愛的森林哺乳動物——蜜熊和犬浣熊。

輕木能在半日照的環境下飛快地生長，圓筒狀的樹幹表面光滑，幾乎是很不自然的銀色。它們在七年內就能長到三十公尺（一百英尺）高，樹圍超過一個成年人所能環抱。如同許多快速生長的樹種，輕木具有能夠儲存水分的大細胞，使木質近似海綿。然而完全乾燥之後，細胞組織會硬化，因此經過風乾的輕木除了重量輕得誇張之外，堅硬程度更令人咋舌。一塊如同登機箱大小的輕木重量還不到二點五公斤。

如此的輕質木材過去常被用於製作木筏，事實上，西班牙文中的「木筏」就是現在的輕木通名「*balsa*」。一九四七年時，挪威人種學者（也是出名的旱鴨子）托爾・海爾達爾打造了由輕木紮起的木筏康提基號，來證明南美洲和玻里尼西亞之間的往來是有可能的。他從祕魯出發，航行八千公里（五千英里）橫越太平洋，抵達大溪地附近。這場歷時三個月名留青史的冒險之旅，驗證了輕木木筏的能耐（雖然現在認為玻里尼西亞的頭一批外來移民是來自東南亞）。

二次世界大戰時英國缺乏鋁金屬，卻有很多木匠，因此德哈維蘭公司便以木材建造出輕巧的蚊式轟炸機。這款轟炸機的時速超過六百四十公里（四百英里），「輕木轟炸機」遂成為全世界最快的任務型飛機。蚊式轟炸機的機身是用輕薄的輕木板材膠合於樺木板之間，而複合輕木材料至今仍用於製作風力發電機的渦輪扇葉和衝浪板。還有哪種奇特的木材比輕木更適合製造這些實用的產品？

巴西堅果
Bertholletia excelsa

　　巴西堅果樹普遍生長在亞馬遜河和奧里諾科河河谷——但是幾乎全出口自玻利維亞，而非巴西；嚴格說來也不是果，而是種子。除了這兩個問題之外，巴西堅果之名就沒別的疑點了。高大的巴西堅果樹聳立於森林裡，可達五十公尺（一六五英尺），很容易就能辨認出來：筆直的灰色樹幹表面是龜裂的樹皮，通常沒有低位置的樹枝，頂上的樹冠形狀肖似花椰菜。它的花朵大，色白，由身大體重的蜜蜂品種授粉，但是除非牠們飛到接近地面的高度，否則人類幾乎沒機會看到這些蜜蜂。

　　花朵凋謝之後，果實需要一年多的時間生長成熟，成為圓形的木質蒴果，尺寸近似於棒球，重約兩公斤。它們會毫無預警地以時速一百公里（六十英里）的速度掉落，雖然都能神奇地毫髮無傷，卻令採收工作異常危險。蒴果的外皮很堅硬，因此巴西堅果樹需要依靠刺豚鼠散播種子；這種小型齧齒動物和天竺鼠是親戚，擁有一口銳利的牙齒。牠們堅毅不懈地用牙齒咬開外殼，靈巧地取出裡面的種子：楔形種子的外型有如單瓣的橘子果肉，一顆蒴果內大約有十到二十顆種子。每一顆種子分別被內殼包住，就算用胡桃鉗也很難對付，但是卻難不倒刺豚鼠。刺豚鼠在食用種子的同時，也將剩餘的埋起來，通常就此順理成章地忘得一乾二淨。種子能在土裡休眠數年，直到某棵樹倒下之後讓出一方能照見陽光的隙地，給種子發芽的好機會。

　　巴西堅果是廣泛流通的貨物中，極少數還從野外採集的品項之一。對當地原住民來說，它是重要的蛋白質和收入來源。僅在一年之中，一棵樹就能生產三百多顆含有一百公斤種子的蒴果。如此的高價值植物產品，促使人類更努力保護這種非伐木業用森林資源。

　　巴西堅果樹有獨特的特性，是能吸收微量的土壤裡自然生成的放射性元素。常常以巴西堅果當零嘴的核能相關工作人員，在固定的體檢報告裡有時會出現體內放射性元素含量高到令人留意的狀況，雖然這令檢測人員感到困惑，卻不致影響受檢人員的身體健康。

巴西紅木
Paubrasilia echinata

　　雖然巴西紅木是巴西的國樹，也是巴西大西洋沿岸森林的原生樹種，它的命名淵源卻並非因為巴西，而是巴西以它得名。巴西紅木長得很好看，大約十五公尺（五十英尺）高，鮮黃色的花朵放肆地噴發，數十朵為一串。這些花朵富有柑橘甜香，飽含花蜜，每一朵花中央都有血紅色的中心點。它的果實是很薄的橢圓形種莢，有如長了刺的綠色餅乾。深棕色的樹皮會大片大片地裂開，露出裡面使巴西紅木名聲大噪，卻也令它因而遭殃的寶藏：堅硬的木材。

　　對於文藝復興時代的紈褲子弟來說，顏色鮮豔的衣裝就是財富的象徵，其中紅色絲絨尤其華麗，只有國王和主教才能穿戴。但是這個顏色的成本高昂，製作手續也不簡單。其中一個重要的紅色染料來源是蘇木（*Caesalpinia sappan*），是亞洲自從西元前二世紀、歐洲自從中世紀就為人所知的樹種。當時人們稱其為巴西木（brasilwood），也許來自葡萄牙文中的「餘燼」（*brasa*，同樣的字根也衍生出英文的「文火燉煮」〔braise〕）。不惜工本將木材大費周章地從遠東運來之後，再費力地磨成粉末，有時這項加工手續是由監獄裡的囚犯進行，如阿姆斯特丹的「銼房」；然後再施染於明礬加工過的羊毛或絲質布料上固定鮮紅的染料。

　　葡萄牙人在西元一五〇〇年抵達南美洲，幸運地看見當地人服飾上的鮮豔染料，進而發現同樣也有染色功能的巴席爾木親戚，他們並沿用了巴西木的名字。這種樹十分接近海岸，彷彿正好等著人類砍伐後運到市場上。葡萄牙皇室准許了巴西木的出口壟斷權，高利潤的產業於焉產生。巴西木伐木人（*brasileiros*）開始大舉砍樹，將它們運回歐洲——比從遠東運送容易多了。為了強調這椿貿易活動，該國的葡萄牙文名字便順理成章地從真十字架之地（Terra de Vera Cruz）改為巴西之地（Terra do Brasil）。

　　所有這些商業活動使得其他國家也企圖砍伐、走私或攔截這項重要的商品；雖然有武裝押運，裝滿巴西紅木的葡萄牙船隻仍然成為強盜偏好的目標。法國和葡萄牙之間，以及兩國和當地原住民不斷發生爭鬥。到了一五五五年，一支法國探險隊企圖在今日的里約熱內盧建立屯墾區卻不幸失敗，大部分的動機便是源於開發巴西紅木的潛在商機。一六三〇年時，荷蘭西印度公司擁有幾

乎所有的巴西木生長區域，在二十年間有系統地砍伐巴西木，取得的三千噸木材全部運回荷蘭的港口。

一八七〇年間，化學合成的紅色染料幾乎完全取代了巴西紅木，但是它的數量已經低到谷底，並且從來沒有重新增加的機會，因為它有另一個人類無法抗拒的優點：它集堅硬、重量、共鳴性於一身。從十八世紀到今天，沒有別的木料製作出的小提琴和大提琴琴弓品質能勝過它。人稱其為伯南布哥木（巴西的一個省名）。如今在大自然中僅有不到兩千株巴西紅木，因此嚴禁出口，並且有各界的合作繁殖計畫。然而，使用質地稍微較堅硬的野生巴西紅木製成的琴弓具有優越的音質。巴西紅木面對的最大威脅是盜採，伯南布哥木的黑市交易量高達數百萬美金。悠揚的樂聲中畢竟還帶有巴西紅木的悲鳴。

＊二〇一六年，物種分類學家們將巴西紅木重新命名為巴西木屬（Paubrasilia）。自一七八五年至二〇一六年，它被歸類為蘇木屬（Caesalpinia）。

墨西哥

酪梨
Persea americana

　　我們都知道酪梨是營養價值最高的水果，但是它仍然充滿驚奇。這種生長在潮濕低地森林裡的熱帶常綠樹種長得非常快，高度大約二十公尺（六十五英尺），不規則的茂密樹冠上是厚實有光澤的葉片。葉片表面是深綠色，背面的顏色比較淺，捏碎時聞起來有誘人的茴香味，但是其實自我防衛能力很強：這些葉片有毒，尤其是對居家寵物來說。

　　酪梨的淺綠色花朵很細巧，群聚在樹枝尾端。每朵花都有雌雄兩種器官，但是成熟時間不同。為了避免自體授粉，酪梨花發展出了十分奇怪的習性。它們會綻放兩次，一次是雌性器官準備接受花粉時，受粉之後便闔起來。幾個小時以後，雄性器官準備傳播花粉時會再綻放。很神奇的是，同一個地區所有的酪梨樹都會完美地同步開放和闔起花朵。唯有同時擁有兩種酪梨樹時才能完成授粉，因為雌性和雄性會在完全互補的時間成熟，讓昆蟲在兩株樹之間穿梭傳播花粉。這也是為何單獨的酪梨樹鮮少結果，專業的酪梨果農需要同時栽種兩種酪梨樹。

　　酪梨果實通常呈西洋梨形狀，裡面有單顆的圓形大種子，被結實、萊姆綠色的果肉包住，越往外，果肉顏色就越深，最外面包著革質的深綠色或紫茄色外皮。未被馴化的原生種，近乎全黑的克里歐尤斯種（*criollos*）果實比較小，但是有些人工培育出來的果實品種可以達到兩公斤。

　　又大又重的果實成熟掉落時需要借助某種東西來散播種子，才不會和親株競爭。酪梨種子有毒，因此舉例來說，齧齒類動物便不會收集和埋藏它們。在酪梨生長的區域裡也沒有夠大的動物能將整顆果實連籽一起吞下。最有可能的解釋是，史前時代有非常巨大的樹懶會吃酪梨果。早已絕跡的樹懶有和身形不成比例的小牙齒，十分銳利。牠們吞下整顆果實後，會將種子排泄出來等待萌芽。如今，酪梨依賴人類散播種子，而我們也不遺餘力地達成這項任務，表現遠超過巨大的樹懶：人工培育的酪梨業已經使中美洲和南美洲的森林迅速流失。

　　十九世紀末時，酪梨被引進佛羅里達和加州，美國人起初以它如爬蟲類的表皮將其稱為「鱷梨」。但是一九二○年間，農夫們希望將酪梨與兇惡、令人不快的事物劃清界線，便重新改名為「酪梨」。即使如此，永遠抱持保留態度

的白人顧客仍然難以接受墨西哥食物。酪梨農需要一個改變酪梨形象的賣點。

　　在古馬雅時代，酪梨和繁殖具有文化上密不可分的關聯，而酪梨樹原始的納瓦特爾語名字 *buacatl* 代表「睪丸樹」，也許是因為果實偶爾成對地懸掛在樹上。一六七二年時，英國的園藝作家威廉・休斯曾經如此讚揚：「它為人體提供營養，使身體強壯……產生旺盛的肉慾。」西班牙修士們也作如此想，因此禁止修道院的花園內種植酪梨。這些資訊聽在酪梨業者耳中不啻是銷量的保證。透過高明的行銷策略（其中摻雜了些許鄉野傳奇的色彩），酪梨農人大聲地否認有關酪梨能促進性慾的「醒醒謠言」，熊熊煽起人們的慾望（嚐嚐酪梨的慾望）。事實上，營養價值很高的食物向來被認為有催情功能，可見飢餓是性慾的頭號敵人。

　　酪梨含有許多不飽和脂肪，還有維他命和微量元素，但是很不尋常地幾乎沒有糖分。它是少數幾種一定得生吃的水果，因為烹煮會使它變苦，產生油耗味。近年來因為運氣和巧妙的廣告策略，酪梨在美國的形象已經與超級盃橄欖球賽產生強烈的連結。墨西哥玉米片配酪梨醬（英文 guacamole 來自西班牙文的 *abucamolli*，意指酪梨湯或醬汁）就和感恩節火雞一樣，成為美國的象徵；但是自從一萬年前酪梨原生地的居民脫離了狩獵與採集的生活，開始培育酪梨以來，至今墨西哥仍然是全世界最大的酪梨生產國。

　　雖然我們仍然不清楚一開始酪梨究竟是如何散播種子的，但卻已經知道圓果杜英（156 頁）的種子有極不尋常的表皮，能夠幫助傳播種子。

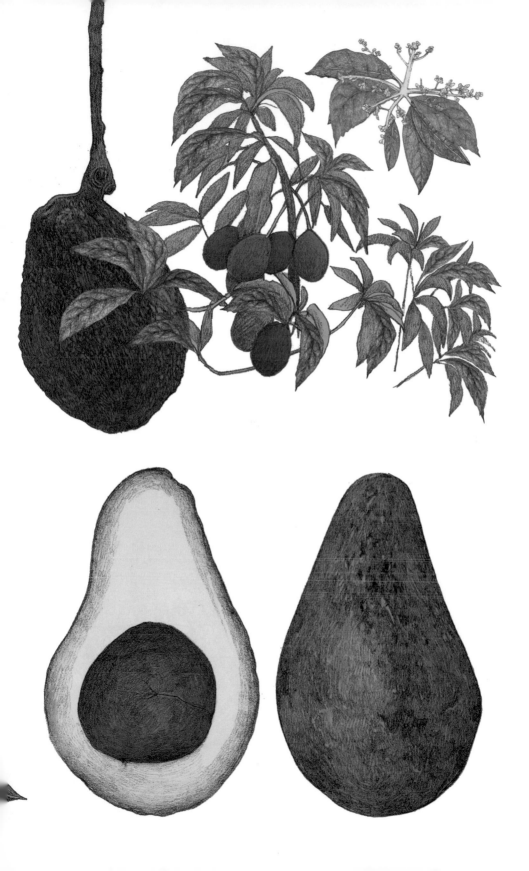

墨西哥

人心果
Manilkara zapota

　　西班牙人在他們佔領中美洲的過程中遇見了這種樹（拉丁文名來自當地納瓦爾語的 *tzapotl*）。他們將人心果引進菲律賓，從那裡傳播至南亞和東南亞，變得更受歡迎。人心果果實有粗糙的棕色表皮，就像奇異果；果肉稍微具有沙沙的顆粒質感，味甜，兼具麥芽糖和西洋梨的香味。雖說它頗為可口，但是這種樹的世界級影響力並非來自於它的味道。

　　人心果在原生的墨西哥南部、瓜地馬拉、貝里斯北部等地，是眾所周知的糖膠樹；這種生長緩慢的常綠樹種生有革質葉片，組成茂密、深綠色的大型樹冠。當粉紅色的內皮受傷時會分泌糖膠——顆粒很小的乳狀液體，由懸浮於水中的有機質組成。糖膠乾燥之後，會形成天然的黏性表皮將傷口隔絕起來避免進一步感染。阿茲特克人和馬雅人已經收集這種乳膠數百年，或甚至幾千年了，他們將其做成口嚼膠，使口氣芳香或解渴。

　　採集人心果糖膠的工作甚有男子氣概：採膠人用開山刀以之字形劃開樹皮，收取大量的乳膠，然後將其煮開，凝結並且去掉雜質。在十九世紀中葉，紐約實業家湯瑪斯・亞當斯取得了一批糖膠，在發現它的傳統用途之後便將它加熱，添入糖和香料。到了二十世紀初，大規模的商業開發活動開始啟動。繼亞當斯之後，威廉・瑞格利公司（譯註：生產箭牌口香糖）應用了聰明的廣告和行銷策略（尤其是在口香糖加入了美國士兵的配給口糧之後），價值數十億美元的全球性商機就此誕生。到了一九三〇年間，美國每年需要進口八千噸的人心果樹膠。無可避免地，人心果樹遭到過度開發和損傷。一九四〇年間，來自美國軍方持續不斷的口香糖需求，促使人們開發出從石油提煉的合成乙烯基原料，自此之後成為口香糖的主要製造材料。如今，世界上只有少數幾家高檔的天然樹膠口香糖製造商，他們提供現代採膠人工作機會，給貧困的地區一個保護人心果樹森林的誘因。

　　糖膠樹或人心果樹？在不同的地理位置，樹木就和當地人具有迥異的文化關聯。嚼口香糖在美國有很長的歷史了，但是在亞洲卻被視為粗魯不文的行為。雖然它的果實在距離原生地很遠的亞洲，被當成當地令人驕傲的物產。

哥斯大黎加

響盒子
Hura crepitans

在熱帶中美和南美洲，以及部分加勒比海區域，這種拉丁學名爲 *Hura crepitans* 的樹有好幾個耳熟能詳的通名，包括「猴不爬」、「毒藥樹」、「炸彈樹」以及「沙盒樹」。每個名字都點出了這個危險樹種不同的特徵。

響盒子的樹幹能夠輕易長到五十公尺（一六五英尺）以上，可望而不可即。每一吋樹幹都長了如刀片般銳利，短粗堅硬，殺傷力十足的刺。因此，我們最好是在安全距離之外用望遠鏡觀察樹上的雄性花朵：深緋紅色，幾百朵尺寸迷你的花聚集成約十五公分長，垂墜而下的金字塔型花序上，在背後鮮綠色心型葉片組成的樹冠烘托之下顯得閃爍動人。

與其他大戟科家族的成員一樣，響盒子也有具腐蝕性的乳白色樹葉，逼退任何想嚼食其葉片的生物。它的樹液毒性夠強，作用也快，能用於製作毒吹箭，加勒比海的原住民就是將響盒子樹液塗在箭上射魚。

這種樹還有一個與眾不同之處，在於它散播種子的方式。大部分利用風力散播種子的植物都具有質輕的種子，便於在氣流中飄送；有些甚至演化出翅膀，響盒子卻不然。它必須先在幽暗的林地裡發芽，幼苗才能長大爭取到陽光，因此在脫離親株之後的旅程中需要配備足夠的養分。於是，響盒子長出了結實的種子：圓形扁平如豆，直徑近似一英鎊硬幣（譯註：略小於台幣五十元硬幣），顏色就像沒有光澤的紅銅幣。

這些種子有毒（當然嘍），被包裹在蒴果裡。而沒有防護機制的蒴果是由葉片發展出來的，形狀就像剝了皮的橘子瓣，大約有十六個分隔的室，又稱心皮，包住裡面的種子。蒴果會從橄欖綠色變成深棕色的木質，成熟後水平方向地立在枝頭頂端。在蒴果失去水分的過程中，有些部位乾燥和縮水的速度會比其他部分快，壓力逐漸累積之後，通常在炎熱乾燥的日子裡，蒴果會突然爆裂。種子被極大的力量拋射而出，並伴隨著驚人的響聲。一本十九世紀中葉的德國植物學雜誌曾經報導某位博物學者將響盒子的蒴果放在鐘型的玻璃瓶裡，十年之後蒴果「以媲美槍響的聲音爆炸，它的碎片和碎玻璃四散各處」。

科學家們觀察到這些種子彈射的速度爲每秒七十公尺（二三〇英尺）以上──比時速兩百四十公里（一五〇英里）還快。驚人的是，它們彈射時特別的

角度已經考慮到了空氣阻力，幾乎能完美地將它們送往最遠的地方。除此之外，它們在飛行時會像迷你飛盤那樣旋轉，能幫助它們飛出四十五公尺（將近一五〇英尺）：距離遠到能保證新生幼苗不會和親株競爭。

　　一旦蒴果開始成熟，小型螞蟻變成群結隊地進駐蒴果上的裂縫，在種室之間的凹槽裡繁衍下一代。螞蟻永遠不會攻擊蒴果，也許因為萬一蒴果表皮被刺穿，就會釋出大量黏稠的腐蝕性樹液。對蟻群來說，響盒子的蒴果是安全又合宜的居所──乾燥、緊密、能夠防止鳥類和其他掠食者的攻擊──唯一的小疑慮就是牠們的家園可能隨時會炸成碎片。看來響盒子只有一個不會致死的特徵准許人類親近，那就是尚未成熟的蒴果。十八世紀初葉，商人將它們當作裝飾性的小盒子販賣，裡面盛裝以羽毛筆蘸墨水書寫時，用來吸收餘墨的沙子，是當時大主管們辦公桌上的裝飾用文具。

響盒子利用空氣射出種子。巴西堅果樹（180頁）則使用另一種策略。

牙買加

麵包樹
Artocarpus altilis

　　麵包樹的野生祖先是巴布亞紐幾內亞和鄰近島嶼上的原生樹種，大約在三千年之前首度由移居至西太平洋的人類馴化。而今已經在潮濕熱帶地區廣為栽培的麵包樹，其植物學特性可以回溯至歷史上最惡名昭彰的一場叛變。

　　麵包樹是仰之彌高的樹種，能長到二十五公尺（八十英尺）高，有結實的灰棕色樹幹。它密集的樹冠能給下方帶來濃濃的樹蔭，由深色大型葉片組成，葉片通常有很明顯的裂口，有如馬諦斯創作的模板印染圖案。樹身的任何一處或未成熟的果實被砍傷時，會分泌出黏稠的白色乳膠，具有很多用途：治療皮膚病、船隻防水塗料、作為黏膠，甚至在夏威夷用於暫時性的捕鳥陷阱。

　　麵包樹的雌雄兩種花都開在同一棵樹上，每一叢花序都由數千朵與海綿狀核心連結的小筒花組成，雄花形似球棒，雌花為球形。雌花會融合起來發展成多肉可食的麵包果，果實通常是圓形或橢圓形，大約相當於保齡球大小，成熟過程中會從淺綠轉黃色，皮雖薄卻很堅韌，分成四瓣或七瓣。這些多角形的果肉瓣或光滑或多刺，都曾是個別的小筒花。澱粉質含量豐富的果實是大洋洲居民的主要糧食，奶油白色或淺黃色的果肉含有很高的碳水化合物和些許維他命，用途類似馬鈴薯，香味和質感稍微類似麵包。

　　麵包果的種子無法繁育後代，生命週期短暫，無法用以培育下一代，並且由於它們也不經由吸芽繁殖，因此仰賴人類以扦插方式培育。若天氣暖和，雨量豐沛，麵包樹就會迫不及待地茁壯結果。它們在樹齡三年之後就可以開始結果，一年可以生產兩百顆營養豐富的果實（總重可以高達半噸）。它們不需要大量人工照料，除了採摘果實或清除被風吹落的果實，以免引來成群果蠅，腐爛成黏糊的小山。

　　一七六九年，庫克船長有名的探險之旅中隨隊的植物學家喬瑟夫・班克斯，記錄了大溪地居民的閒適生活，他們不需要持續地在田裡工作卻能過著富足的生活。當時位於牙買加的英國殖民地農莊主要的出口作物（也是利潤非常豐厚的）是甘蔗，氣候和政治因素阻礙了大蕉和番薯的供應，而這兩者又是非洲奴隸的主食，因此農莊主人急於尋找容易種植又能將最好的土地留給經濟作物的替代糧食，麵包樹聽起來是很理想的作物。一七八七年，在英國政府的簽

署許可之下，由船長羅伯·布萊指揮的皇家軍艦豐收號從英國出發，將麵包樹從大溪地帶到加勒比海。由於麵包樹沒有可以繁殖的種子，船員們被迫在大溪地停留六個月，等待整船的麵包樹扦插枝條生根。在那六個月之中，他們習慣了島上的生活，並且與當地女性建立了關係。由於不願意放棄他們的新生活，重新啟航之後沒多久便集體叛變，將布萊船長和少數幾位忠心的船員放逐海上。幸運的布萊船長被另一艘來自英國的船救起之後回到大溪地，並且在一七九三年時終於帶著幾百棵熬過旅程的麵包樹小苗抵達牙買加。

剛開始，麵包果並未立即受到歡迎，令當地政府和評論時事的人不知該如何是好；幸好當時來自非洲的食物又重新容易取得了，非洲奴隸們摒棄麵包果，也許是少數幾個使他們覺得擁有自主權的方式。自從牙買加在一九六二年獨立以來，麵包果已經脫去了昔日與殖民地的歷史關聯，成為牙買加料理和燒烤文化的主要食材。現在當地甚至還有麵包果節。橫跨熱帶地區，麵包果的幼苗仍然在發展中國家裡生根茁壯，並且獨自撐起糧食供應者的大梁。

可以食用的無花果（66頁）也有凹凸幅度很大的葉緣。

巴哈馬群島

癒創木
Guaiacum officinale

　　巴哈馬群島的國樹具有華美的外表，堅如鋼鐵的內心。它的樹枝生長位置很接近地面，是很受歡迎的行道樹，通常被培養成倒金字塔型。生長在中美洲和加勒比海乾燥低地森林中的罕見的老癒創木能夠長成壯觀的歪斜樹形，要是有機會的話，它們能活到一千歲。

　　癒創木是一場視覺的饗宴。有光澤、船槳形狀的常綠複葉，樹皮逐片剝落之後顯露出下層五彩斑斕的紋路；美麗的藍色或薰衣草色花朵數量龐大，花期持久，密集地妝點枝頭。越接近花期結束的時刻，花朵就會褪為白色，整棵樹展現出多樣化的色彩，代表第二階段的開始：一叢一叢稍微扁平、摻雜著粉紅色的蒴果成熟後轉為金黃色，裂開之後露出裡面的肉質種皮，包裹住一對烏黑的種子。

　　癒創木最不尋常的特點就是它的芯木，有可能是全世界最堅硬，而且肯定是最重的木材之一，密度高到根本無法浮在水面上。這種木材的質感如絲，具有異國風情的香草味，傳說當地阿拉瓦克人用它來治療性病，因此十六世紀初期的醫生將其歸於具有奇效的藥材，稱之為「生命之木」。一五二〇年間，作為治療梅毒之用的癒創木粉和樹脂飆漲到不合理的天價──遠超出它們的實際效用。這兩者通常與含量驚人的水銀共同使用，一直使用到十九世紀。如今的巴哈馬居民將癒創木浸漬成據說具有催情效果的飲料──光靠相信療效，也許就夠讓飲料發揮作用了。

　　然而，癒創木的強度和韌性仍然是不容置疑的。自巴哈馬出口的木材用於製作拍賣會場上的成交槌和槌球球棒、杵臼、風雨大打板球時的重量級球柱，以及英國警察醒目的粗重警棍。癒創木有緊實、密切交扣的紋理，使它幾乎不可能裂開，對磨損和水分的耐力無其他木料能及。它的油性樹脂使木頭表面覆有天然的潤滑塗料。在蒸汽機的黃金時代，這些優點使癒創木成為不可或缺的傳動軸軸承，推動全世界最大的船隻；甚至沿用至一九五〇年間美國的首艘核動力潛艇鸚鵡螺號。

　　石榴（106頁）以其鮮豔多汁的肉質種皮聞名。

加拿大

扭葉松
Pinus contorta var. *latifolia*

　　扭葉松對廣闊的加拿大西部卑詩省和向下延伸進入美國的洛磯山脈來說，是森林生態系統裡的重要關鍵針葉樹種。高大、筆直、修長，它的英文通名Lodgepole Pine（譯註：「帳篷柱松樹」）來自於美加地區的原住民將它用來搭帳篷，繼之而來的拓荒者也使用它建造房舍。

　　許多扭葉松的毬果有延遲開裂的特性：它們會留在樹上十年之久，鱗片保持緊閉，並以松脂完封，等待森林野火將松脂封層熔解。等到野火將親株燒盡，危機也解除之後，毬果中保存的種子就會四散在富有養分的灰燼上，一片新生的松樹幼苗開始搶先在任何其他植物冒出頭之前茁壯。

　　扭葉松是山松甲蟲的主要寄生樹種，兩者的生長地區重疊，使得松樹不斷受到山松甲蟲的攻擊。夏天時，雌甲蟲在樹幹內挖洞，將蛋下在內皮被掏空的室裡。山松甲蟲的口器裡中有特殊的囊，用以攜帶與之共生的藍染真菌。當甲蟲啃食松樹時，真菌就會進駐樹木內皮的細胞裡，干擾樹身的液體輸送，阻礙它製造有毒松脂的自我防禦功能。如此，甲蟲可以輕鬆地攻擊松樹，真菌也連帶受益：它在儲存甲蟲卵的樹洞裡發展出孢子，準備在下一個夏天經由孵出來的甲蟲散播到下一棵扭葉松上。

　　嚴酷的寒冬能殺死幾乎所有的甲蟲幼蟲，健康的樹通常能夠撐過或抵禦剩下的甲蟲規律性的攻擊。事實上，透過甲蟲的攻擊活動可以剔除掉體弱的樹木，確保雷擊時能有足夠的枯木引起山火，延遲開裂的扭葉松毬果才有比別的樹種更有浴火重生的機會。然而過去幾十年的全球暖化現象，使得甲蟲的攻擊變得很不規律。溫和的冬季使得甲蟲數量暴增，扭葉松的防禦活動顯得無法招架。受感染的木質部變成醜陋的藍灰色，松針枯黃，原本健康的植株大量死亡。驚人的一千八百萬公頃（四千五百萬英畝）的林地受到感染，加拿大官方已經花費兩億美金對抗甲蟲，而這些甲蟲早已遠遠散播至原生區域之外。我們對於廉價化石燃料的需求確實可以理解，但是隨之而來的氣候變遷卻不啻是昂貴的代價。

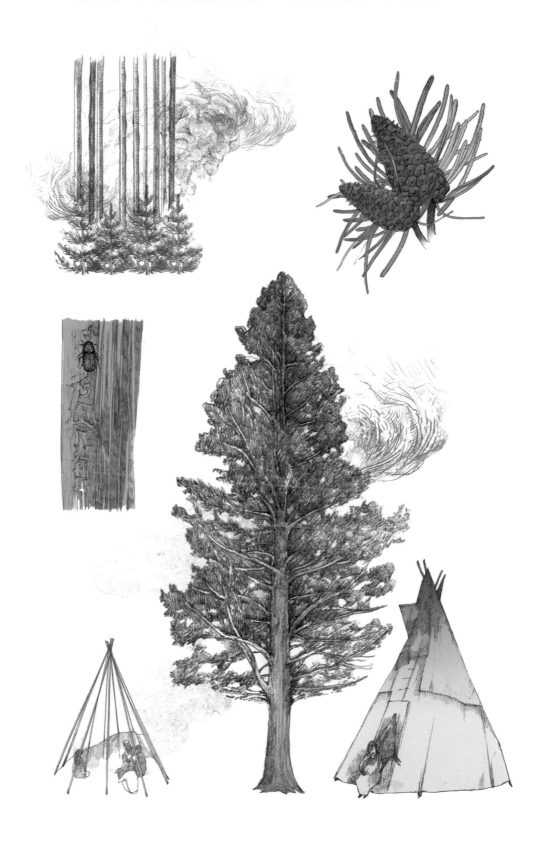

美國

柯木

Notholithocarpus densiflorus

　　柯木是常綠硬木，生長在加州北部和奧勒岡州南部潮濕面海的山坡上。它同時具有橡樹和歐洲栗的特徵，通常為五十公尺（一六五英尺）高，扭曲多瘤；若有足夠的生長空間就能形成廣大的樹冠，厚厚的樹皮為灰棕色，隨年紀增加而龜裂。在年輕時，有鋸齒邊緣的葉片，背面生有絨毛，也許是為了保存水分。雄性花朵開放時伴隨著茂密細長、手指般長度的柔荑花序。團團雌花出現在每一束柔荑花序基部，發展成具有堅硬殼斗的槲果。這些槲果成熟的過程中，表面會起皺摺（而不是如真正橡樹的橡實那般分裂成鱗片），可以長到如小顆雞蛋的尺寸。

　　在歷史上，鮭魚和大的柯木槲果曾是沿海地區美洲原住民的主要糧食。柯木槲果含有蛋白質、碳水化合物和相當程度的油脂，磨成粉後與水調和，做成營養的湯、粥或是麵包。但是到了十九世紀中期，槲果被歐洲移民用來餵養豬隻，供應淘金城鎮的肉類需求。

　　由於人口和馬匹的湧入，也增加了皮革的需求量。為了讓皮革柔軟，防止腐爛，生的動物皮必須在裝了單寧酸的大桶子裡「鞣製」；單寧酸是樹木所含有的化學成分，用於嚇退意圖攻擊樹皮的昆蟲和動物。柯木是單寧酸最好的來源，尤其是使用在鞣製厚重的物體時，比如鞋底和馬鞍。到了一八六〇年間，加州生產的皮革被運往位於遠方紐約和賓夕法尼亞州的皮件製造廠，單寧酸至此更是供不應求。柯木因而被過度砍伐，導致一九二〇年間的單寧酸短缺，美國皮革業也連帶地漸漸蕭條。

　　二次世界大戰之後，因為柯木堅硬的木材和細緻的紋理而被大量種植，但是市場卻偏好生長快速、加工容易的軟質針葉木。在一百年間，柯木從原住民賴以維生的食物一路行來，變成乏人問津的雜草。木業商人朝它們噴灑落葉劑，顛覆了整個生態系統，使剩餘的柯木更容易受到感染。自從一九九〇年代起，數百萬株柯木死於由名為疫黴菌（*Phytophthora ramorum*）的菌種造成的「橡木猝死病」；這種類似真菌的侵入性微生物和十九世紀中期造成馬鈴薯黃萎病，引起愛爾蘭大飢荒的微生物有關。

加州鐵杉
Tsuga heterophylla

加州鐵杉雄偉地屹立在美國奧勒岡州、華盛頓州、加拿大卑詩省涼爽濕潤的太平洋沿岸——這條地帶也是黑熊的家鄉，擁有全世界最美麗的古老林區之一。加州鐵杉從遠處就能一眼辨別：樹枝從中央向下垂，棕褐色的樹皮上有淺淺的溝紋。加州鐵杉隨著年紀增加，會自主地清理廢棄枝條，樹幹低處四分之三高度以下的枝葉都會脫落，留下大片筆直的樹幹。它短短的松針扁平有光澤，每一根背面都有白色條紋。

加州鐵杉的葉片壓碎後會散發出霉腐味——近似於毒性很強，但是完全與之無關的多年生毒芹（*Conium maculatum*），以毒死了蘇格拉底聞名。它十分受到美洲西部沿岸原住民的重視，因為它的內皮可以食用，並能治療不同的疾病。生有柔軟如羽毛的細枝條能做床鋪；彎曲的樹幹被刻鑿成大型餐盤；樹皮單寧酸用以處理皮革，也能做出當成腮紅的紅色染料。

加州鐵杉森林能夠遮蔽絕大部分的陽光，因此即使土壤肥沃，能在林地裡生長到相當程度的植物也只有蕨類，通常能長到大腿高度。這樣一來，加州鐵杉的幼苗雖然非常耐陰，卻也得面對一個棘手的問題。當一棵樹被砍倒或被風吹倒，樹冠之間出現間隙時，地上的鐵杉種子仍然鮮少在蕨類植物的陰影下萌芽。有些樹種為了對付這個問題，會長出含有許多養分的大型種子，靠著一己之力爭取到陽光，但是加州鐵杉使用的是另一個策略。大樹倒下時，它的直徑夠粗大到橫倒的樹幹上半部仍然高於底部長出的雜草，落在樹幹表面的鐵杉種子便能茁壯起來，利用真菌分解樹幹時釋放的養分存活。這些幼苗的根會向下延伸，將橫倒的樹幹和樹樁覆蓋住。如此聽起來頗為詭異，甚至有些原始：新的生命從死亡的殘幹上萌生，並進而將之吞沒。新生的根持續生長，死掉的樹也腐爛殆盡，直到新的鐵杉高高聳立於死樹基座上。數十年之間，新生植株和死樹的殘骸會填滿林間空隙，雖然偶爾會看到一棵耐力很強的雪松，但是它依然必須靠著死亡的鐵杉求生存。

美國，加州

加州紅木
Sequoia sempervirens

　　加州紅木原生於多霧的太平洋西北沿岸山坡，這些高聳的加州紅木是全世界最高的，也是最古老的樹種之一。地球上最高的一棵樹是名為亥伯龍的紅木，拔地而起的身高足足有一一五公尺（三八〇英尺）。凝目仰望，你也許會納悶紅木究竟能夠長多高。根據歷史紀錄，世界最高的紅木略高於一百二十公尺（三九四英尺），其實也相當於其他高大樹種能達到的高度。所以難道這是巧合？要回答這個問題，我們就必須了解扮演了樹木血液角色的水分，以及水分如何運到樹頂。

　　如同任何一種植物，樹身中的固態物質是由兩種簡單的原料構成（合成）的：二氧化碳和水。這也許是地球上最重要的化學反應，而且是以陽光為動力的反應，因此得到光合作用之名。每片樹葉上的每一平方公釐面積裡都有數百個微小的氣孔，使周遭空氣中的二氧化碳得以進入葉片。但是樹木將水分從樹根提取至樹頂的唯一方法是透過樹葉的氣孔蒸散部分水分。當靠近葉片表面的個別細胞變乾時，就會從下方最濕的細胞吸取水分，依此類推直達葉脈，透過直徑約為三十分之一公釐的細小脈管，在樹身的木質部裡將水分向上運送。

　　這個運送水分的方法很聰明，因為它使用陽光的能量——而不是樹木自身的能量　　使樹頂的水分蒸散；並且仰賴水分的奇妙特性：水分子有正負兩端，像磁鐵般彼此緊黏著。水分子有不同凡響的黏著力，這也就是為什麼雨水是形狀俐落的微小水滴狀，但水流也可以是細長而源源不絕向上推送的。理論上，在樹身裡的水柱推送高度限制大約是一百二十公尺。要是樹木再高一些，地心引力就會大於水分子之間的吸引力，樹頂便會因為缺水而枯死。所以，樹木無法長得更高，是因為基本的物理法則。

美國

荷荷芭
Simmondsia chinensis

　　雖然拉丁文學名中有中國的 *chinensis* 這個字，荷荷芭卻和中國毫無關聯——*chinensis* 這個字肇因於十九世紀某位植物學家讀錯了一張字跡潦草的標籤。荷荷芭原生於墨西哥西部的索諾蘭沙漠、美國加州和亞利桑那州，是低矮的常綠灌木，偶爾會長成枝葉繁茂的矮樹，大約四公尺（三英尺）高，非常能夠適應沙漠氣候。它長長的直根可以從地底下十公尺（三十三英尺）處汲取水分；革質的灰綠色葉片表面有蠟，能減少水分損失。樹葉還生有關節，因此能在正午的烈日下垂直上指保持較低的溫度，使光合作用更有效益。因為這個原因，荷荷芭樹下少有樹蔭（有些尤加利樹種也學會了這套把戲，樹蔭同樣稀少）。這些葉片方向還能製造氣旋，將雄樹上黃色花團的花粉直送到位於雌樹樹葉關節處的淺綠色花朵上。負責結果的是雌樹，果實尺寸和形狀都很像橡實，在成熟的過程中會轉為金棕色。

　　每顆果實裡的種子都含有佔其體重一半的金色油質，這種液態蠟久被用於養護皮膚和頭髮。抹香鯨油在一九七○年間被大舉禁止之後，它就成了深受好評的替代品，作為高溫機器的潤滑油。這股需求導致在炎熱乾燥國家裡遍植荷荷芭的風潮。然而，荷荷芭很難以商業大規模培育，因為它十分挑剔。農夫們必須等好幾年，植株才會開花，然後得疏減不會結果的雄樹，只留下足夠雄性植株作為繁衍之用。

　　近年來，荷荷芭油被標榜成能夠對抗肥胖症。食用榨油剩下的荷荷芭豆餅的牛隻似乎能減輕重量；美洲原住民也曾使用荷荷芭降低食慾，不過當年僅用於飢饉時期。雖然並無研究結果顯示荷荷芭萃取物完全無害，也沒有證照核准用於醫藥或減重輔助品，但是法律的漏洞使其得以以「營養補給品」的名義行銷。

　　荷荷芭為互有關聯的鳥類和動物提供了全年的棲身之處和食物來源，但是只有一種名字聽起來很有趣的貝利剛毛囊鼠能夠消化果實裡的蠟。對其它包括人類在內的物種來說，荷荷芭蠟能造成輕瀉效果，進而幫助果實散播，提供種子生長所需的肥料。

美國，猶他州

響葉楊
Populus tremuloides

　　響葉楊是北美洲分布最廣的樹種，生氣勃勃地長在美國西部的高地上，尤其是科羅拉多州和以它為州樹的猶他州。一片響葉楊森林，能讓人心情雀躍。它閃亮的葉片靈活地拍擊，表面是鮮綠色，背面淺灰，在秋季是第一個轉黃，然後成為耀目金光的樹種，優雅地與清朗的天空互相輝映。它的葉柄又長又扁，有如緞帶，能夠讓葉片在最微弱的氣流中彎折扭轉，發出祥和的潺潺水流聲。沒有人知道為何響葉楊演化出如此的聲響。一個理論是葉柄的靈活性能幫助響葉楊的葉片不被強勁的山風吹落。持續不斷的動態也能讓陽光穿過密集的葉叢抵達淺色的樹幹──樹幹上因為具有葉綠素而泛綠──使樹幹同時進行光合作用。

　　響葉楊很討厭陰影。它無法在自己的樹冠籠罩下繁衍後代，遑論和一片松樹競爭；但是野火燒過之後，它能迅速地搶在其他樹種之前從野火燒淨的土裡冒出頭。這也是為什麼往往一片響葉楊樹林裡的植株都是同樣的高度，因為它們都是在同一時期中發芽的。在種子不易存活的美國西部乾燥季節中，響葉楊會避免透過有性生殖繁衍後代，而選擇直接以吸根型態從親株上長出新苗。表面上看似毫不相干的兩株響葉楊，實際上有可能是從同一個根系上長出來，基因完全一樣的植株，也就是我們所稱的複製植株。事實上，地球最重的單一活有機體也許是那片位於美國猶他州，被取名為盤多（Pando，拉丁文，意謂「我延展」）的響葉楊森林。盤多森林裡有四萬五千株響葉楊，總面積為四十公頃（一百英畝），大約重六千五百公噸。整座森林（並非每一棵複製植株）的年齡據估計大概有八萬歲。

　　這種繁殖方法的風險是植株可能缺乏抗病或迅速適應環境變遷的多樣性基因。然而，具規模的響葉楊森林裡通常有令人訝異的基因多樣性，它們還能夠轉為有性生殖；拜這個特性之賜，響葉楊可說是非常成功的樹種。相反地，響葉楊森林最大的威脅反而來自受保護地區和有露營營地的遊客服務中心。原因並非露營遊客會傷害植株，而是因為這些地方的火苗比較有可能被人工控制或撲滅，給耐陰的針葉樹種趁勢生長的機會。

黑胡桃樹

Fugland nigra

　　莊嚴的黑胡桃樹是美國洛磯山脈以東的原生樹種，有著巨大的樹冠和色深、有溝紋的樹皮。原住民取用其堅果中的油和蛋白質，至少已有四千年之久；巧克力色的木材堅固耐用，數世紀以來廣泛用於飾板和家具。

　　美國三分之二的黑胡桃堅果年收穫量來自密蘇里州。它們的味道比一般人工培育的「英式」胡桃更濃，但是堅硬、有深深皺紋的外殼對於當作日常零嘴來說太費事了──這個特徵多半是爲了防止齧齒動物吃光黑胡桃的後代子孫。

　　黑胡桃樹和軍隊有各種極深的淵源。它結實的木頭能夠抗衝擊，容易以機器加工，拋光效果很美麗，淺淺的浮凸木紋容易掌握。在十九世紀中期，它是再理想也不過的槍托材料，「肩頭扛起胡桃木」便成了從軍的譬喻。

　　黑胡桃樹使用胡桃醌來保護自己。這種天然的除草劑能夠抑制競爭植物；它還有具驅蟲作用的單寧酸。然而對人類來說，這些能用於染料和固色劑的化學物質同時存在於一種植物裡，是非常方便的配套產品。在美國南北戰爭期間，人們使用黑胡桃殼染製土布，製成棕灰色的南軍制服。

　　一次世界大戰期間，黑胡桃被當成製作飛機螺旋槳的特殊材料，因爲它能承受巨大的壓力而不解體。到了二次世界大戰，黑胡桃樹的天然資源幾乎耗竭殆盡，政府因而呼籲個人將植株捐獻給國家作爲戰時物資。同時，胡桃殼粉末還和硝化甘油調和成爲炸彈的一種。除了這些關聯之外，黑胡桃樹也是受歡迎的高價棺木材料。

　　臭椿（222 頁）也會釋放出陷害競爭對手的化學物質。

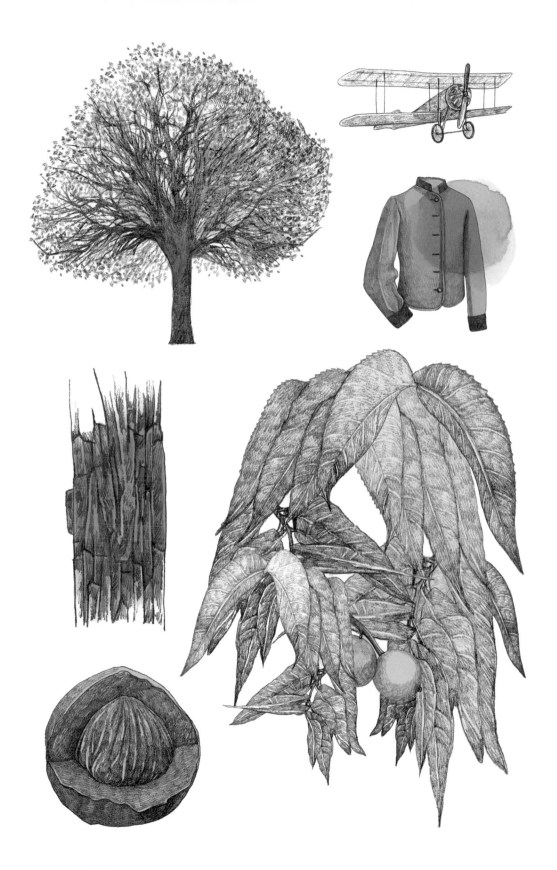

美國

代茶冬青
Ilex vomitoria

　　在歐洲人佔領北美洲之前，又稱作印第安紅茶樹的代茶冬青被視為高價值的貨物；原住民長途跋涉前來採收它的葉片。奇怪的是，在今日，卻少有人知道它的作用，或將之添加在飲食中。

　　代茶冬青是很普通的矮小常綠樹，是巴拉圭冬青（譯註：瑪黛茶葉）和冬青的兄弟，葉片邊緣有尖角，還有密集成團生長的半透明紅色漿果。它很容易在德州到佛羅里達的墨西哥灣沿海沙質平原上生長，而且或許是因為含有的咖啡因成分，它幾乎沒有蟲害。也就是因為代茶冬青葉片泡成的茶具有咖啡因，它才對提姆庫瓦族和其他美洲原住民族群如此重要。大多數的人類文化都發展出了咖啡因儀式，從具有療效的熱飲、手採咖啡的狂熱和非洲可樂果貿易，到繁複的泡茶和品茶程序。在某些美洲原住民文化中，男性常常藉著共享代茶冬青茶代表和平共處的態度。它也出現在具有文化代表意義的大型集會中，伴隨著音樂舞蹈，人們從海螺殼裡牛飲黑色的茶湯。

　　到了現代，代茶冬青的故事卻稍微變了調。對於北美和南美原住民來說，傳統儀式裡的清穢淨化方式是嘔吐，在宗教典禮中是很常見的景象。由於代茶冬青茶是儀式必備的飲料，歐洲人便誤以為它會使人嘔吐，並貼心地賦予它「嘔吐」（*vomitoria*）的拉丁文名。事實上代茶冬青並不比茶或咖啡更能催吐。原住民的嘔吐行為也許是透過學習而來的技巧——或者茶汁裡摻入了其他藥物——但是這個既定形象自此之後就緊跟著代茶冬青了。歐洲人對代茶冬青的厭惡無限上綱，還因為這種茶和被征服者（或死者）的儀式密不可分。有了如此糟糕的形象，代茶冬青又怎麼能跟以專業手法行銷的茶和咖啡相比？除了西班牙人曾在一段很短的時間內由於缺乏咖啡將之作為替代品之外，它在歐洲入侵者和他們的後代心中從來沒有鹹魚翻身過。

　　代茶冬青靠著行銷轉型的時刻到了。這個人工大量培育的茶飲是傳統茶和咖啡之外的另類選擇。它的味道稍微類似烏龍茶，在盲飲測試時，評語不輸瑪黛茶和其他花草茶。在產地以卡西納茶（Cassina）的名字販售——套用咖啡品牌的行銷手法，給它歐洲風味的名字——然而除了它的原始名字之外，如今再也找不到一絲與已絕跡的提姆庫瓦人有關的文化遺產了。

美國

落羽杉
Taxodium distichum

　　美國東南部氤氳的沼澤區是落羽杉的地盤，在其他植物會腐爛、倒下或窒息的多水地點，落羽杉卻能欣欣向榮。雖然英文通名爲「柏」(Bald cypress)，但它其實並非眞正的柏，而是跟巨大的紅杉有親戚關係；是外型高大有威儀的樹。它的樹幹下部向外開展，具有支撐根形成的溝槽，爲樹身提供穩固的基底。堅實的深棕色樹幹上有深溝，隨著樹齡增加而變灰，與豐茂的葉片形成對比；葉片看起來很細緻，觸感如羽毛般柔軟。綠色的錐形果實長在枝條尾端，鱗片美觀地互相緊扣，裡面含有氣味芳香的紅色液態樹脂。在秋天，針狀葉轉爲暗橘色，最後會和小的枝葉一起掉落──落羽杉之名由此而來。由於它能在沼澤地裡快活地生長，我們不難猜到木材的抗腐能力有多強，甚至使它獲得「不朽木」的暱稱。

　　長在潮濕環境中的落羽杉發展出了明顯的「膝根」：中空，垂直向上生長的樹根延伸體，在離主樹幹幾公尺遠之處，從地面或水面長出，有時相當於成人的高度和寬度。這些膝根曾被美洲原住民作爲蜂窩，它對樹體眞正的作用則有好幾個說法。有一說是它們幫助穩固樹身，或是儲存碳水化合物；也有可能是導引漂浮而過的腐爛植物，擋下原本就此繼續前行的營養固態物質和淤泥。這些都是有趣的解釋，但卻沒有足夠的科學證據輔助。

　　和我們想像的正好相反：雖然它的樹根在地底下生長，卻同樣需要氧氣才能正常運作。大部分樹木生長的土壤都有足夠的縫隙和空間，使氣體能夠滲透，但是落羽杉落腳的地方卻對樹根極不友善。落羽杉很有可能演化出將養分供應給位於水面下的樹根的能力，而這些膝根據信是出水通氣根──供應樹身氧氣的結構。二〇一五年，研究人員終於有了證據顯示，樹根裡的氧氣量確實與膝根從空氣中吸收的氧氣量有關聯性。然而，即使膝根受損，落羽杉仍能繼續生長。也許當初膝根演化的原因是爲了對付別種早期的環境壓力，而今已經不需要了。縱使這些問題聽起來依舊難解，尋找答案的過程卻能讓我們更理解史前時代。

美國，佛羅里達州

美洲紅樹
Rhizophora mangle

　　世界上大約有六十個紅樹樹種，對熱帶水岸和沿海沼澤、港灣、潟湖有獨特的適應力。紅樹通常長到八公尺（二十六英尺）高，偶爾能達二十公尺（六十五英尺），分布區域為熱帶美洲東部到西非。雖然名為紅樹，它的樹皮實際上卻是非常深的灰色，但是若將樹皮表面刮開，就會看見富有單寧酸的紅棕色皮層，能夠將靜止不動的死水染成茶水的顏色。它的葉片大，具革質，表面是有光澤的深綠色，背面通常生有斑點。花朵淺乳白色或黃色，具有甜香，這對借助風力而非昆蟲傳播花粉的植物來說很不尋常。

　　紅樹繁殖後代的方式在植物界很罕見。它們的種子還附在親株上時就會發芽，在幼苗的葉片之間會不尋常地長出又長又硬的莖和有著尖端的堅硬短根。這種長三十公分（十二英吋），有如矛頭的幼苗稱為「胎生苗」或繁殖芽，能夠脫離親株，像飛鏢一般直直掉進砂土或淤泥裡迅速定位，抵抗不斷席捲的潮水，馬上開始生長。被沖進水裡隨波逐流的胎生苗也會繼續生長，一有了接觸水底的機會就會立刻生根。

　　紅樹為了適應水邊不斷流動的沙質土壤，也許最明顯的例子就是它們有如高蹺，又叫根托的根系，能夠長到數公尺長。它們像錨一樣固定植株，對抗風和水的侵襲，形成厚實堅固、彼此交織的氣根層，網狀結構既能平穩水流，也能擋下水中的沉積物。樹根都需要氧氣，但是泡在水裡的淤泥含氧量卻很低。紅樹生有氣孔（皮孔），能隨著潮汐打開閉合進行氣體交換，也和儲存空氣的海綿組織連結。

　　紅樹的樹液幾乎不含鹽分，因為它有靠著陽光作用的海水淡化系統。陽光使水分從它的葉片蒸散，形成真空現象，用高壓透過樹根特殊的薄膜吸取水分，卻不吸鹽。工程師模仿這個「超微濾法」，將之應用在商業海水淡化系統。佛羅里達州另一個樹種「黑皮紅樹」（*Avicennia germinans*）卻使用不同的海水淡化法。

　　黑皮紅樹的葉片覆蓋了一層白色粉末，因為它能將吸取的鹽分向外排出，只要舔一口樹葉就能理解了。其他的紅樹樹種能把鹽排進老葉裡，再將它們褪去。

紅樹林支撐著一套豐富的水生物種系統。它們將細細的根長進鮮橘色的苔海綿裡，用碳水化合物交換海綿裡的氮化合物。有機質是螃蟹、軟體動物以及昆蟲的食物。魚類仰賴紅樹林的樹根提供棲身之處和養分，其中包括梭魚、大海鰱、八帶笛鯛。位於食物鏈更高處的鱷魚、白鷺、海龜、海牛以及大部分的海釣魚種都依靠紅樹林能在含鹽的海水中苗壯、餵養生態系統的非凡能力。

　　全世界的紅樹林都是能夠適應環境變遷的倖存者，但是它們仍然受到威脅——蝦類養殖、海岸開發、煤炭製作還有氣候變化。它們只能活在低海平面高度和潮汐最高點之間窄窄的區帶裡。如果海平面升高，它們就得往內陸移，但是內陸的空間很有可能已經被其他樹種佔據了。一旦紅樹林消失，潮汐會隨著時間改變海岸型態，往往使得紅樹林難在原處重新復育。

　　然而，若讓紅樹林安穩地生長，它們能夠穩定海岸線，保護海岸不受暴風雨侵襲，甚至將海轉變爲新的土地。不同的紅樹樹種都在自然環境裡具有不同角色，能夠一起合作。在佛羅里達，紅樹林建立起組織網阻擋沉積物，爲黑皮紅樹林提供食物和屏障。黑皮紅樹生出數以千計出水通氣根，筆直地伸進淤泥裡吸收氧氣。紅樹和黑皮紅樹的葉片和進入這個生態系統的物種都爲地球增加了生物質。最後，對葉欖李（*Laguncularia racemosa*）也出了一臂之力，和其他樹種在陸地上聯手合作；紅樹仍然嚴守海洋疆界，向外發展——它是樹木界的前線拓荒者。

考里松（160頁）也支撐著一整個生態系統——但是使用的是它的枝幹。

美國，布魯克林

臭椿
Ailanthus altissima

　　臭椿是令人又愛又恨的樹。它的拉丁文學名來自於摩鹿加語中的 *ai lantit*，可以粗略地譯爲「與天同高」。它能夠飛快地長到二十五公尺（八十英尺）以上，淺色的樹皮觸感光滑，而且還有不同於一般闊葉樹的完美柱狀樹幹。葉片出奇地大，有數英尺長，而且是由十幾片小葉組成的複葉，具有鮮明的熱帶風情。

　　臭椿樹原生於中國，但是當它的種子在一八二〇年引入紐約州後，寬闊的樹蔭和不常見的觀賞特點使植物狂熱分子深深著迷，雖然這些優點到了後來卻成爲極大的諷刺。當時，美國農業部在歐洲和亞洲搜尋可能會受歡迎的強韌樹種，甚至以官方身分發放臭椿樹種子。然後到了淘金熱全盛的一八四〇年間，中國礦工又將種子帶到美國作爲傳統藥材，顯然也是爲了緬懷他們的家鄉：在中國，臭椿樹是蠶蛾的食物。十九世紀中葉時，它已經成爲美國東部苗圃中常見的樹種，因爲它能在任何地方生長，就連最沒有綠手指的人也能種得好。其實這個現象就是個警訊了……

　　雖然這種樹在歐系語言裡的名字多強調它的高度和飛快的生長速度，它在中國北部和中部的名字「臭椿」卻明白地表示它是「具有臭味的樹」。將葉片捏碎，或折斷一根樹枝，一股媲美貓尿或油耗花生的氣味撲面而來。然而最糟糕的是到了六月，大團醒目的黃綠色小花出現時，才是災難的開始。臭椿樹可以是任何一個性別，雄花的濃烈氣味能嚇著勇猛的公牛：這股氣味的形容詞包括吸飽了臭汗的發霉運動襪、放太久的尿液，甚至人類精液。無疑地，如此特殊的氣味對負責將花粉從雄花傳播至雌花的昆蟲來說，是熏人欲醉的異香。

　　在夏天，雌樹能產出三十五萬顆種子，每一顆都位於翼果中央－－翼果具有纖維質組成，如紙一般的薄膜翅膀，成熟過程中會由橘轉爲緋紅色。它們掉落時會在空中美麗地旋舞，一股最輕的氣流也能將它們帶往任何能發芽的地點。這種易於生根殖民的特性，干擾了鐵路沿線或建築林立的地區，因爲它能忍耐水泥灰塵和有毒的工業排放氣體。它將水分儲存於根系中，十分耐旱，能在其他樹種無法適應的地方茁壯。

　　這就是爲什麼貝蒂・史密斯在她經典的小說《布魯克林有棵樹》（一九四三）裡，以臭椿譬喻移民生活：書中的幼苗即使不受歡迎，也爭取不

到一方天光，卻仍堅毅地在貧瘠的環境裡欣欣向榮。就像布魯克林人說的，這裡有什麼不好？事實上，如此的生長環境確實很不利。

臭椿不僅能忍受嚴苛的環境，還極具入侵性，幾乎可說是無法摧毀的。大部分對此樹的描述都著重於如何擺脫它的糾纏。將它砍倒，樹樁能夠以罕見的每日兩公分半（一英寸），或一季四公尺（十三英尺）的速度生長。放火燒或澆噴藥劑的風險在於它仍會長出吸根，繼續由親株供應一半的養分，最終又自行茁壯為獨立的植株。雖然它的樹齡鮮少超過五十歲，以吸根繁殖的能力使植株得以不斷複製自己。它的樹皮會使砍樹的人得到皮膚炎，樹根強壯得能夠破壞地下的汙水管和管線。臭椿甚至能自行合成效力強大、其種子對其免疫的除草劑來排除競爭對手。

瘋狂生長、不合群、兩歲就能有性生殖的臭椿通常不被允許人工培育。即使在中國，它也必須被同步演化的競爭對手和昆蟲聯手抑制繁衍速度；它的名聲臭到人們用其古名「樗材」來形容不堪教誨的孩子。然而，對某些園藝愛好者來說，這種外型極有異國風味的樹被過度毀謗了。真相是一體兩面的，就如貝蒂・史密斯在小說前言中所說的：「它美則美矣，但是過於氾濫。」

美國
北美喬松
Pinus strobus

　　生長於美國東北部的北美喬松（通常以其英文通名簡稱爲「白松」）最有經濟和策略性價值的特徵就是它的樹幹：以它的重量來說，是堅實耐用的木材，不尋常地筆直高聳。它是美國獨立精神的象徵，原因之一是它在殖民歷史中扮演的角色，原因之二是因爲美國國鳥白頭海鵰喜歡在此樹上築巢。

　　北美喬松的生長初期往往無法和其他樹種競爭日照，但是若與同類一起生長，它可以長到至少四十五公尺（一五〇英尺），最終會鶴立雞群，傲視森林中其他樹種。它還有一個祕訣，能讓它在被其他較高樹種圍繞的狀態下茁壯竄高。北美喬松也發展出土壤裡挖掘有機氮的適應能力，能夠降低周遭土壤的肥沃度，再用儲存的的氮化合物生長，打敗競爭樹種。它的枝幹幾乎是水平方向伸展，稍微上斜。隨著年齡增加，它會失去幼年時的金字塔外型，變得不規則，甚至有些歷盡滄桑的感覺。柔軟纖細的松針爲藍綠色，具有三個面，每一個面都有一條白線，使得隨風搖曳的枝葉十分悅目。

　　如同大多數的針葉樹種，北美喬松並未發展出吸引昆蟲授粉的能力。反之，它會大手筆地製造出如黃霧般的大量花粉隨風飄散，使早期的水手們在行經此地沿岸時，以爲座船被硫磺石打中了。

　　美洲原住民對於利用北美喬松非常在行。他們以含有維他命C的松針煮茶治療敗血病，將樹皮浸濕舒緩傷口疼痛。樹脂用於抗菌劑，也能填補獨木舟的裂隙，以及黏合他們用火燒空較短樹種作成的獨木舟。

　　殖民者也自有其使用北美喬松的手法。在航海時代裡，桅杆越高越堅固，船身就越吃風，航行速度越快。無論是運送貨物、追趕海盜或進行海戰，即使比對手略勝一籌，都是致勝的重要關鍵。十七世紀早期的英國仰賴波羅的海諸省提供桅杆材料，他們棘手的原料競爭對象是法國、荷蘭和西班牙。當英國發現新英格蘭的森林時，也同時興奮地悟出了重要的策略性機會。一六三四年，首批一百根北美喬松桅杆橫躺在特別改裝的貨船上，從新罕布夏州出發前往英國本土。自此之後的數十年間，英國殖民者發展出各種技巧，能夠防止十噸重的樹身在被砍倒的過程中裂開，並用牛群將它們順流而下拖往河口。他們以販賣北美喬松發了大財，同時發展出完整的鋸木工廠網絡，用北美喬松的淺色樹

幹搭蓋房舍和教堂。高大的植株以驚人的速度被砍伐。

　　英國皇家海軍持續主導全球海權，北美喬松桅杆對於英國的未來影響至鉅，以至於到了十七和十八世紀，英國國會和相關單位通過嚴格的法條，將北美喬木保留給皇室專用。為了宣示主權，探勘人員用國王的闊箭符號——容易辨認的三叉紋章——標示最棒的植株，盜砍這些植株的人都會受到重罰。屯墾人民和價值連城的林木如此接近卻無法下手，令他們感到絕大的不滿，因此砍樹成了反抗大英法條的第一個手段。一七七四年，美國國會禁止北美喬松出口，兩年之後的殖民地戰艦桅杆上飄揚著描繪了北美喬松的旗幟，象徵美國獨立戰爭的反抗精神，成為英國對手不該忽視的力量。

加拿大

糖楓
Acer saccharum

　　糖楓和加拿大魁北克省、安大略省以及美國佛蒙特州之間有光榮的緊密連結，它以澆在鬆餅上的美味糖漿聞名，其芯木的硬度足以製作棒球棒，葉片驕傲地高聲喊：「加拿大！」較不爲人知的是，爲何該地區以楓樹爲首的落葉喬木在秋天時會上演如此繽紛的變色大秀。

　　葉片如同化學加工廠，利用日光，它們能夠將糖從二氧化碳和水裡召喚出來。爲了使光合作用順利進行，植物會製造鮮綠色的葉綠素。葉片也會產出橘色和黃色的抗氧性化學物質——胡蘿蔔素和葉黃素——來吸掉任何具有高度反應，因光合作用產生的副產品：氧氣；並藉著不同顏色的過濾作用將陽光導入葉綠素分子中，充分利用每一道日光。

　　這些奪目的黃色和橘色其實一直都在葉片裡，只是被綠色的葉綠素蓋住了。秋季時，樹木活動開始減緩，回收任何對下一個生長季節有用的物質。葉綠素在此時被分解之後重新吸收，樹葉的綠色便漸漸消失，留下毫無遮蔽的橘色和黃色。葉片還會在此時製造紅色和紫色的花青素。於是乎：葉片就變了色。

　　但是美洲東北部的楓樹還有一道密技，能爲這場魔術表演增色。當落葉喬木的葉片枯死時，特別是楓樹，樹木還沒重新從葉片上回收的糖分就會慢慢地轉變爲亮紅色的花青素。要達到這個狀態，必須借助這個地區的典型秋季氣候：凜冽多霜的夜晚能夠減緩糖分從葉片回流的速度，接著是陽光普照的溫暖白晝，幫助製造花青素。歐洲的秋天白晝通常是涼爽的陰天，夜晚也不太冷，因此同樣的楓樹品種種在溫帶地區通常無法變化出如此繽紛的色彩。

　　楓樹的葉片越老，顏色就越紅；菩提樹（122 頁）則是新葉為紅色。

下一步該往哪裡走

　　我住的地方離英國皇家邱園很近，裡面有壯觀的活體植株收藏，因此我有機會在一年不同時節裡觀察許多樹種。我建議你從某一座植物園開始你的樹木觀察之旅，你可以馬上發掘世界上一部分的樹木文化，而不需要投資大筆旅行費用。想找到離你最近的植物園，你可以造訪國際植物園協會網站 bgci.org（Botanic Gardens Conservation International）。絕大多數的植物園都有熱心的員工以及資訊豐富的解說手冊。

　　在我爲這本書找資料的時候，參考了許多期刊和科學文獻。由於這本書不是學術著作，我並沒加入洋洋灑灑的參考清單，但是如果你的求知欲望受到本書的刺激而大增，我在後面仍然有建議的參考資源。幾乎所有這份清單裡的書籍都很容易取得，但是有些只有圖書館才有，或者你得到舊書店挖寶。但是有些書名無法使人對箇中內容一目了然，或是我認爲簡短的綱要能幫你了解書籍主旨，所以我都附上了說明。

給任何對樹木有興趣的入門級讀者

Trees: Their Natural History,Peter A. Thomas (Cambridge University Press, 2014)
如果你想了解樹木運作的科學，以及樹木的作用，這是我找到解釋得最清楚的一本書。

Between Earth and Sky, N.M. Nadkarni (University of California Press, 2008)
以迷人的手法結合人類和科學。

The Forest Unseen, D.G. Haskell (Penguin Books, 2013)

細膩又出人意表，對於一平方公尺的田納西州老樹林富有詩意的觀察。

The Tree: Meaning and Myth, F. Carey (The British Museum Press, 2012)
從文化觀點描寫三十種有趣的樹種。文字和插圖皆屬精妙。

再稍微深入研究

如果你還想了解更多（你當然會想！）：

Biology of Plants (7th Edition), P. H. Raven, R.F. Evert, S.E. Eichhorn (W.H. Freeman and Company, 2005)
我最常翻閱的植物科學通用教科書。

The Plant-book, D.J. Mabberley (Cambridge University Press, 2006)
以植物種分類，內容豐富得令人屏息，但是目標讀者是植物狂熱人士。

The Oxford Encyclopedia of Trees of the World, ed. B. Hora (Oxford University Press, 1987)

International Book of Wood (Mitchell Beazley, 1989)

The Life of a Leaf, S. Vogel (University of Chicago Press, 2012)
收錄許多非常簡單的科學常識，對一本針對成人的書來說很不尋常。

依地理位置分類

歐洲

Arboretum, Owen Johnson (Whittet Books, 2015)
以討喜的手法描述原生種和外來種，以及它們在英國和愛爾蘭的歷史。

Flora Celtica, W. Milliken, S. Bridgewater (Birlinn Limited, 2013)
介紹蘇格蘭的植物和人民。

地中海

Trees and Timber in the Ancient Mediterranean World, R. Meiggs (Oxford University Press, 1982)

Plants of the Bible, M. Zohary (Cambridge University Press, 1982)

Illustrated Encyclopedia of Bible Plants, F.N. Hepper (Inter Varsity Press, 1992)

非洲

Travels and Life in Ashanti and Jaman, E. Austin Freeman (Archibold Constable & Co., 1898)
奧斯丁・富里曼是西非的醫生探險家。他出色的紀錄和具有啟發性的態度遠遠超越其身處的時代。

People's Plants: A Guide to Useful Plants of Southern Africa, B-E. van Wyk and N. Gericke (Briza Publications, 2007)

印度

Sacred Plants of India,N. Krishna and M. Amirthalingam (Penguin Books India, 2014)

Jungle Trees of Central India,P.Krishen (Penguin Books India, 2013)

東南亞

A Dictionary of the Economic Products of the Malay Peninsula, I.H. Burkill (Crown Agents for the Colonies, 1935)
這本具有歷史價值的著作除了說明了大英帝國之外，也同樣解釋了許多樹種和它們的用途。

Fruits of South East Asia: Facts and Folklore, J.M. Piper (Oxford University Press, 1989)

A Garden of Eden: Plant Life in South-East Asia, W. Veevers-Carter (Oxford University Press, 1986)

On the Forests of Tropical Asia, P. Ashton (Royal Botanic Gardens Kew, 2014)

北美洲

The Urban Tree Book, A. Plotnik (Three Rivers Press, 2000)

大洋洲

Traditional Trees of Pacific Islands: Their Culture, Environment, and Use, C.R. Elevitch (PAR 2006)

依據主題分類

生物多樣性和植物與動物間的關係
Sustaining Life: How Human Health Depends on Biodiversity, E. Chivian and A. Bernstein (Oxford University Press, 2008)
地球上每位政治人和決策者必讀。

Leaf Defense, E.E. Farmer (Oxford University Press, 2014)

Plant-Animal Communication, H.M. Schaefer and G.D. Ruxton (Oxford University Press, 2011)

顏色
Nature's Palette, D. Lee (University of Chicago Press, 2007)
這本賞心悅目的書解釋了植物色彩的科學原理。文字富機智、意見明確、科學性很強。

植物經濟學
Plants in Our World, B.B. Simpson and M.C. Ogorzaly, 4th edition (McGraw-Hill, 2013)
非常出色的通識書籍，說明植物對人類的用途。

Plants from Roots to Riches, K. Willis and C. Fry (John Murray, 2014)

林業和造林
The New Sylva, G. Hemery and S. Simblet (Bloomsbury, 2014)
一六六四年約翰・埃弗林的《林誌》的現代重新詮釋。

The CABI Encyclopedia of Forest Trees (CAB International, 2013)

A Manual of the Timbers of the World, A.L. Howard (Macmillan and Co., 1920)

藥學
Medicinal Plants of the World, B-E. van Wyk and M. Wink (Timber Press, 2005)

Mind Altering and Poisonous Plants of the World, B-E. van Wyk and M. Wink (Timber Press, 2008)

奇異植物
Bizarre Plants, William A. Emboden (Cassell & Collier Macmillan Publishers Ltd., 1974)

Fantastic Trees, Edwin A. Menninger (Timber Press, 1995)

The Strangest Plants on the World, S. Talalaj (Robert Hale Ltd., 1992)

社會和文化史

Compendium of Symbolic and Ritual Plants in Europe（Compendium van Rituele Planten in Europa), M. De Cleene & M. C. Lejeune (Man & Culture Publishers, 2003)
（德文原名 *Compendium van Rituele Planten in Europa*）

A Forest Journey: The Role of Wood in the Development of Civilization, J. Perlin (W.W. Norton & Co. 1989)

In the Shadow of Slavery: Africa's Botanical Legacy in the Atlantic World, J.A. Carney and R. N. Rosomoff (University of California Press, 2011)

熱帶主題

Tropical & Subtropical Trees: A Worldwide Encyclopaedic Guide, M. Barwick (Thames & Hudson, 2004)

其他更專門的資訊來源

市面上有許多專門探討單一樹屬，甚至樹種的書籍。以下是幾本引人入勝的讀物：

A Book of Baobabs, Ellen Drake (Aardvark Press, 2006)

Betel Chewing Traditions in South-East Asia, D.F. Rooney (Oxford University Press, 1993)

Black Drink: A Native American Tea, C.M. Hudson, ed. (University of Georgia Press, 2004)
從不同角度討論代茶冬青（印第安黑茶）的短文。

The Story of Boxwood, C. McCarty (The Dietz Press Inc., 1950)

Devil's Milk: A Social History of Rubber, John Tully (Monthly Review Press, 2011)

The Tanoak Tree, F. Bowcutt (University of Washington Press, 2015)

The Fever Trail: The Hunt for the Cure for Malaria, M. Honigsbaum (Macmillan, 2001)

Chicle: The Chewing Gum of the Americas from the Ancient Maya to William Wrigley, J.P. Mathews and G.P. Schultz (University of Arizona Press, 2009)
人心果：從古馬雅文明到箭牌的美洲口香糖歷史

Handbook of Coniferae, W. Dallimore and B. Jackson (Edward Arnold & Co., 1948)

Sagas of the Evergreens, F.H. Lamb (W.W.Norton & Co. Inc., 1938)

網路資訊來源

Plantsoftheworldonline.org
隸屬於皇家邱園，詳細描述了數萬個植物種。是絕佳的入門網站。

Agroforestry.org
專精於太平洋植物。

ARKive.org
對了解瀕危植物和動物特別有幫助。插圖和文字都很優異。

Anpsa.org.au
澳洲原生植物協會。

Bgci.org
國際植物園協會網站。使用網站上的植物員搜尋功能尋找你所在之處的訊息。

Conifers.org
裸子植物資料庫：有關針葉木和相關樹種的資訊。

Eol.org
生命百科：囊括每一個所知物種的關鍵特徵、分布圖以及照片。

Globaltrees.org
有非常好的瀕危物種單元。

LNtreasures.com
國家生物寶藏：尋找任何一個國家裡的原生動物和植物。

Monumentaltrees.com
尋找任何樹種裡的佼佼者，別忘了參考世界地圖。

Naeb.brit.org
美洲原住民人類植物學：介面不太人性化，但是值得你耐心尋找出許多原住民使用植物的方法。

Nativetreesociety.org
包含大多數的北美洲植物種，也有很多文化討論。

Onezoom.org
神奇的易用介面讓你了解樹木的一生，以及樹種之間的關係。保證你能開心瀏覽好幾個小時。

Plants.usda.gov
美國農業部網站：介紹許多本土和原生植物種的特徵和分布地區。

Sciencedaily.com
內容極佳，容易閱讀的即時科學研究報導。選材用心，有很多植物的故事。

TreesAndShrubsOnline.org
國際樹木學協會網站。非常好的溫帶植物描述。

Wood-database.com
天然資源保育協會的樹木資料庫。收集了商用林木和木材的資訊。

索引

238

關於本書的插畫繪製者

綠西兒・克雷克是法國插畫家，取得 ENSAAMA 職業藝術應用學校視覺傳達專科的高級應用藝術文憑，接著攻讀倫敦中央聖馬丁藝術與設計學院的傳播設計碩士文憑。她的主要工作領域爲傳媒設計，但是也涉獵室內設計和藝術裝置專案。在過去兩年間，她陸續和貝魯提 Beluti、迪奧 Dior、DC 漫畫出版社 DC Comics、法羅與包爾 Farrow & Ball 彩漆、福南梅森食品百貨 Fortnum & Mason、巴黎旅館連鎖 Hôtel de Paris、馬莎百貨 M&S、維多利亞與艾伯特博物館 V&A Museum、溫莎與牛頓繪畫用品公司 Winsor & Newton，以及皇家歷史城堡基金會 Historical Royal Palaces 合作。她以手工繪畫和絹印創作，大部分的個人作品靈感來自於倫敦市以及自然與城市的關係。

作者的話

我的編輯莎拉・歌德史密斯是新手作家，甚至任何作家所能希望的最棒的編輯──回應迅速、好脾氣、以絕佳的判斷力和媲美聖人的圓融態度力控作品的品質。我原本只以爲能從找找資料寫本有關樹木的書裡得到一點樂趣，但她將整個寫作計畫變成極高的愉悅。我也特別感謝，說實在是佩服得五體投地，綠西兒・克雷克的天賦和耐性。我希望你們和我一樣，也覺得她的插畫與本書文字相得益彰。瑪蘇密・布里佐和費莉西蒂・奧德立共同攜手做出這本在我看來既美麗又和諧的成品。

皇家邱園裡了不起的圖書館和檔案室中的職員們不斷提供我各種有效率的協助。安・馬修是其中的明星員工。我也要特別感謝我的邱園科學家朋友，慷慨地利用他們私人的時間讀我的手稿：裘・歐斯朋，史都華・蓋伯，喬納斯・慕勒，馬克・奈斯比（經濟植物學的老前輩），以及伊甸園計劃的麥克・蒙德。若本書中還有任何錯誤，都要怪我自己。

我很幸運能和邱園、林地信託基金會以及世界自然基金會保持密切的關係。這些機構裡的員工做的事情都很了不起，我全力支持他們，希望各位讀者也是。

我所做的大部分事情都是報導其他人的工作；科學家和歷史學家在過去許多世紀以來耗費心力觀察、收集、組織、研究他們的專業領域，將每一絲訊息彙整成人類的共同知識。沒有他們，就眞的不可能有這本書。

我的妻子翠西和兒子傑可布基於禮貌，忍受我對於樹木瘋狂無止境的探究，甚至還表現出些許興趣。哈！現在他們也被我傳染了，就像我的父母對我的影響。